江西理工大学清江学术文库

冲击性岩石应力状态 与声发射特征相关性研究

曾 鹏 著

北 京
冶 金 工 业 出 版 社
2019

内 容 提 要

本书共分为7章，内容为：绪论，不同因素影响下岩石冲击倾向性，基于应力状态演化的岩石冲击危险性分析，冲击性岩石加卸载扰动响应及声发射不可逆性特征，冲击性岩石声发射 Kaiser 点信号频段及分形特征，冲击性岩石破坏过程与声发射特征相关性研究，结论与展望。

本书可供从事采矿工程、土木工程、岩土力学相关专业的专家、学者以及高等院校相关专业的研究生参考使用。

图书在版编目（CIP）数据

冲击性岩石应力状态与声发射特征相关性研究／曾鹏著. —北京：冶金工业出版社，2019.11
ISBN 978-7-5024-8239-8

Ⅰ.①冲…　Ⅱ.①曾…　Ⅲ.①岩石力学—研究
Ⅳ.①TU45

中国版本图书馆 CIP 数据核字（2019）第 205353 号

出 版 人　谭学余
地　　　址　北京市东城区嵩祝院北巷 39 号　邮编　100009　电话　(010)64027926
网　　　址　www.cnmip.com.cn　电子信箱　yjcbs@cnmip.com.cn
责任编辑　杨盈园　美术编辑　郑小利　版式设计　禹　蕊
责任校对　王永欣　责任印制　李玉山
ISBN 978-7-5024-8239-8
冶金工业出版社出版发行；各地新华书店经销；三河市双峰印刷装订有限公司印刷
2019 年 11 月第 1 版，2019 年 11 月第 1 次印刷
169mm×239mm；9.5 印张；183 千字；141 页
49.00 元
冶金工业出版社　投稿电话　(010)64027932　投稿信箱　tougao@cnmip.com.cn
冶金工业出版社营销中心　电话　(010)64044283　传真　(010)64027893
冶金工业出版社天猫旗舰店　yjgycbs.tmall.com
（本书如有印装质量问题，本社营销中心负责退换）

前　言

冲击性动力灾害是矿山面临的主要灾害之一，并且随着矿山开采深度的日益增加，呈现出急剧增强的趋势。其中，岩爆、冲击地压是实际采矿工程中面临的主要冲击性动力灾害。如何有效地监测和预测岩爆、冲击地压的发生是岩土工程界普遍关注的热点问题。

目前，国内外对岩爆、冲击地压的监测预测方法大致可分为理论分析法与现场实测法两类。其中，理论分析法是对现场煤岩体进行取样，利用已建立的岩爆、冲击地压各类判据及指标进行分析、判断的一种方法。理论分析法主要从应力、岩性、能量、临界深度、冲击倾向性、综合指数及数值模拟等方面出发，用一个或一组判据指标分析岩爆、冲击地压发生的可能性。由于其成本低、能较好模拟现场因素、满足预测目的，故具有一定的优越性。现场实测法主要是对现场岩体进行直接监测和测试，从而判断岩爆、冲击地压发生的可能性。概括起来现场实测法包括以下几种：钻屑法、微震法、声发射（AE）法、电磁辐射法、微重力法、流变法、回弹法、光弹法、振动法和电阻法等。

实践研究表明，岩爆、冲击地压这一系列冲击性动力灾害往往发生在具有冲击倾向性的围岩环境中。对于矿山岩体来说，岩爆、冲击地压的发生不仅受岩体自身内部因素的影响，同时也受到外部环境因素的影响。冲击倾向性是岩石的固有属性，也是其发生冲击性动力灾害的主要内部因素；同时，岩体是处于复杂地应力场环境中的地质体，故其冲击倾向性还与其所处的应力状态紧密相关，在不同的应力场环境中具有相同冲击倾向性的岩石有可能表现出不同的冲击危险性。

声发射技术是岩爆、冲击地压等系列冲击性动力灾害监测预警的一种重要手段。通过分析声发射动态监测信息，实现岩爆、冲击地压等冲击性动力灾害源的识别、预警是一条重要的技术途径。而实现这一途径的重要前提和基础则是寻求冲击性岩石在不同受力、变形破坏过程中的声发射特征。

本书以多频段声发射检测与耦合分析技术为依托，通过室内试验，分析具有冲击倾向性岩石材料在不同受力方式下声发射过程中声发射信号的频率特征。获取岩石试样在压密、弹性变形、塑性变形、临界破坏等不同受力、变形阶段声发射信号的频率分布以及不同频段信号特征随力学过程的变化趋势，重点研究冲击性岩石材料变形及破裂特殊状态以及其前后状态下声发射信号的频率变化与岩石材料裂纹发育及演化的对应关系。

全书内容共分为 7 章。第 1 章为绪论，详细阐述了国内外岩爆、冲击地压研究现状，岩爆、冲击地压评价及预测方法，岩石冲击倾向性理论研究进展及声发射相关应用，分析了声发射在岩爆、冲击地压方面的应用及展望；第 2 章从不同影响因素方面，分析了水、加载速率、温度、尺寸、岩石自身结构和强度等方面对岩石冲击倾向性的影响；第 3 章在单轴、三轴、循环加卸载试验的基础上，研究分析了冲击性岩石在不同应力状态下的冲击危险性；第 4 章分析了冲击性岩石在单轴循环加卸载过程中声发射、弹性模量及变形响应比值随轴向相对应力的变化规律，冲击性岩石在不同围压下声发射不可逆性特征和发生主破裂前夕的声发射信号频率特征信息；第 5 章在冲击性花岗岩在三轴压缩循环加卸载声发射试验的基础上，研究了 Kaiser 点及其相邻点的声发射信号频段能量及声发射能量关联维数特征；第 6 章系统地对冲击性岩石破坏过程与声发射特征相关性进行了研究，分析了不同受力方式下不同冲击性岩石声发射基本参数特征、频率特征，并建立了岩石临界破坏的多频段声发射耦合判据和前兆识别特征；第 7 章对全书的研究成果进行了总结。

　　本书主要内容是作者在北京科技大学纪洪广教授指导下的研究工作所取得的主要研究成果。作者虽已离开学校，但恩师仍不时关心和指导作者的工作和生活，在此谨向恩师致以最诚挚的敬意和衷心的感谢！同时感谢作者的硕士研究生导师江西理工大学赵奎教授一直以来的鼓励和支持！

　　本书涉及的研究项目得到了国家自然科学基金重点项目（No. 51534002）、国家重点研发计划项目（No. 2016YFC0600801）、国家自然科学基金项目（No. 51174015，No. 51664018）、江西理工大学博士启动基金项目（No. jxxjbs17063）资助，本书的出版得到江西理工大学清江学术文库资助，在此表示衷心的感谢！

　　由于作者水平所限，对于本书中存在的不足之处，敬请读者批评和指正。

作　者

2019 年 5 月

目　录

1 绪论 ··· 1

1.1 背景及意义 ·· 1

1.2 岩爆、冲击地压研究进展综述 ································· 2

1.2.1 岩爆、冲击地压概述 ································· 2

1.2.2 岩爆、冲击地压机理 ································· 4

1.2.3 国内外岩爆、冲击地压研究现状 ············· 5

1.2.4 岩爆、冲击地压评价及预测方法 ············· 7

1.3 岩石冲击倾向性理论的研究进展综述 ····················· 8

1.4 声发射与声发射技术 ·· 11

1.4.1 Kasier 效应与 Felicity 效应 ······················ 12

1.4.2 声发射技术的特点 ································· 12

1.4.3 声发射技术的发展与应用 ························· 13

1.5 声发射技术在岩土工程领域的应用 ····················· 14

1.6 岩石声发射技术的分析、评价与展望 ················· 18

1.7 主要研究内容与方法 ·· 19

2 不同因素影响下岩石冲击倾向性 ····························· 21

2.1 引言 ·· 21

2.2 水对岩石冲击倾向性的影响 ································· 21

2.2.1 孔隙压力 ·· 21

2.2.2 含水量（湿度） ································· 23

2.3 加载速率对岩石冲击倾向性的影响 ····················· 25

2.4 温度对岩石冲击倾向性的影响 ····························· 28

2.5 尺寸对岩石冲击倾向性的影响 ····························· 30

2.6 岩石自身结构对岩石冲击倾向性的影响 ············· 31

2.7 强度对岩石冲击倾向性的影响 ····························· 34

2.8 本章小结 ·· 35

3　基于应力状态演化的岩石冲击危险性分析 ················· 37

　3.1　引言 ··· 37

　3.2　岩石冲击危险性 ··· 37

　3.3　试验力学系统 ··· 39

　　3.3.1　WES-2000 型数显式液压万能试验机 ············ 39

　　3.3.2　GAW-2000 型单轴液压伺服机 ···················· 39

　　3.3.3　TAW-2000 型三轴液压伺服机 ···················· 40

　3.4　岩石冲击倾向性综合评价 ·································· 41

　　3.4.1　基于动态破坏时间指标评价岩石冲击倾向性 ······· 41

　　3.4.2　基于冲击能量指数评价岩石冲击倾向性 ··········· 44

　　3.4.3　基于强度脆性系数法评价岩石冲击倾向性 ········· 45

　　3.4.4　基于线弹性能评价岩石冲击倾向性 ··············· 47

　3.5　围压对岩石冲击危险性的影响分析 ························ 48

　　3.5.1　围压对岩石冲击指数 BIM 的影响 ················ 49

　　3.5.2　围压对岩石屈服度的影响 ······················· 50

　　3.5.3　围压对岩石冲击能量指数的影响 ················· 51

　3.6　不同应力水平岩石冲击危险性影响分析及损伤能量演化特征 ···· 52

　　3.6.1　试验对象和方案 ······························· 52

　　3.6.2　循环加卸载下冲击性岩石能量演化特征 ··········· 53

　　3.6.3　损伤变量 ····································· 56

　　3.6.4　基于耗散能法分析冲击性岩石损伤及其演化特征 ···· 57

　　3.6.5　不同应力水平下岩石冲击危险性影响分析 ········· 59

　3.7　本章小结 ··· 62

4　冲击性岩石加卸载扰动响应及声发射不可逆性特征 ········ 64

　4.1　引言 ··· 64

　4.2　岩石加卸载响应比特征 ··································· 64

　　4.2.1　试验对象及方案 ······························· 65

　　4.2.2　基于声发射响应比特征分析 ····················· 65

　　4.2.3　基于弹性模量响应比特征分析 ··················· 67

　　4.2.4　基于变形响应比特征分析 ······················· 67

　4.3　不同围压下岩石声发射不可逆性特征 ······················ 68

　　4.3.1　试验加卸载方案和对象 ························· 68

　　4.3.2　不同围压下岩石力学特征 ······················· 69

　　4.3.3　声发射基本参数特征 ··· 71

　　4.3.4　岩石声发射不可逆性特征 ··· 72

　　4.3.5　岩石主破裂前 Kaiser 点频谱特征信息 ··························· 73

　4.4　本章小结 ·· 78

5　冲击性岩石声发射 Kaiser 点信号频段及分形特征 ···················· 80

　5.1　引言 ·· 80

　5.2　岩石声发射试验 ·· 81

　5.3　基于小波包分解法分析 Kaiser 点信号频段特征 ······················ 81

　　5.3.1　Kaiser 点的确定 ··· 81

　　5.3.2　小波包频段分解 ··· 81

　　5.3.3　各频段能量特征 ··· 83

　　5.3.4　Kaiser 点及相邻点能量分布规律 ····································· 83

　5.4　岩石声发射 Kaiser 点信号分形特征 ································· 85

　　5.4.1　声发射能量分形维计算 ··· 85

　　5.4.2　声发射分维值结果综合分析 ··· 86

　5.5　本章小结 ·· 98

6　冲击性岩石破坏过程与声发射特征相关性研究 ······················ 99

　6.1　引言 ·· 99

　6.2　单轴压缩下不同冲击倾向性岩石声发射基本参数特征 ················· 99

　　6.2.1　冲击性岩石与非冲击性岩石声发射振铃计数及累计能量特征 ····· 99

　　6.2.2　冲击性岩石与非冲击性岩石声发射撞击数对比分析 ·············· 105

　　6.2.3　不同冲击倾向性岩石声发射振铃计数及累计能量特征 ············ 107

　　6.2.4　不同冲击倾向性岩石声发射大撞击数和相对应力的关系 ········· 108

　6.3　单轴压缩下不同冲击性岩石声发射信号频率特征 ···················· 109

　　6.3.1　冲击性岩石和非冲击性岩石声发射信号优势频率特征 ············ 109

　　6.3.2　不同冲击性岩石声发射信号优势频率与力学特征的相关性 ········ 111

　　6.3.3　冲击性花岗岩声发射信号优势频段与力学特征的相关性分析 ··· 112

　6.4　三轴压缩下不同冲击倾向性岩石声发射基本参数特征 ················ 114

　6.5　三轴压缩下不同冲击倾向性岩石声发射频率特征 ···················· 116

　　6.5.1　不同冲击倾向性岩石声发射频率特征 ································· 116

　　6.5.2　不同冲击倾向性岩石声发射优势频率特征 ··························· 119

　6.6　岩石临界破坏的多频段声发射耦合判据和前兆识别特征 ·············· 120

　6.7　本章小结 ·· 123

7　结论与展望 ·· 125

　7.1　主要结论 ·· 125

　7.2　主要创新点 ·· 127

　7.3　展望 ·· 127

参考文献 ··· 128

1 绪　　论

1.1　背景及意义

我国是矿产大国，矿种齐全，虽然据已探明的矿产资源占据了全世界的 12% 左右，但人均占有量却远远低于世界水平。近几十年来，随着国民经济的飞速发展，一些埋藏在浅地表的、赋存条件较好的矿产资源开采将尽[1~8]。为了充分满足国民经济需求，人们不得不将采矿活动深入到地球的深部。目前，国内外有上百座矿山的开采深度已达千米以上，例如，国外著名的南非姆波尼格金矿，其开采深度已经达到 4000m 左右，该深度接近于 10 座帝国大厦高度；印度的科拉尔金矿区、俄罗斯的克里沃罗格铁矿区等，多数矿井深度超过千米；国内山东新汶矿业集团的孙村煤矿开采垂深达 1300m，中国有色集团的红透山铜矿开采深度超过 1200m，山东黄金集团的三山岛金矿直属矿区开采深度也达到近千米[2,6~9]。

随着采矿活动进入深部，采矿工程面临着赋存条件差、温度高、地应力大等一系列难题，在这种复杂的采矿作业环境中，岩爆、冲击地压等一系列动力灾害问题也将随之而来，威胁着采矿作业人员的自身安全并且造成财产损失[1~3,7~11]。据报道，在南非的西维兹矿山，除了需要应对 50℃ 以上的高温作业环境，同时还要预防岩爆的发生。南非 CSIR 地质物理学家 Ray Durrheim 描述这种岩爆现象：当岩石积聚的应力达到一定程度，将会发生剧烈的爆炸，而那些在采矿作业面上的工人也几乎无一幸免。可想而知，岩爆的危害是巨大的。直到 20 世纪末，西维兹金矿每年都会有几十名矿工丧生于岩爆灾害中。后来，采矿工程师调整了采矿方案，避免出现岩体高应力集中区，更重要的是，地质学家开始布置监测传感器，通过分析这些数据的变化，监测、预测岩爆的发生。实践表明，这些措施卓有成效，大大地减少了人员伤害和财产损失。因此，在深部地下工程中，如何有效地监测、预测岩爆和冲击地压等系列冲击性动力灾害的发生，是岩土工程界共同关注的问题[1~6]。

传统的地下工程冲击性动力灾害监测与预测技术主要有应力、应变、位移、超声、微震及声发射（AE）监测等。其中，微震与声发射监测方法是最为常用的动态监测方法，都属于对能量释放效应（震动效应）的监测方法[12~16]。近年来，国内外普遍运用微震、声发射监测进行开采过程中的危险源识别、预测和控制。微震和声发射的检测区别在于检测信号的频域不同，微震偏重于低频信号的监测，优势频率从几赫兹到几十赫兹；声发射侧重于高频信号的检测，检测的优势频率从几百赫兹到几千赫兹。二者由于检测频段的不同，监测的有效范围、定位的精度也就不同。

对于岩石类脆性材料，由于自身的非均质特征，其受载断裂过程实际上是一个由原生裂隙到微裂隙扩展，最后出现宏观断裂的连续过程。大量的实验表明，在整个断裂过程中都伴有声发射产生，而且在不同阶段有着不同的声发射特征。在实际应用中，就是通过对材料受力过程中的声发射的检测和分析，实现对材料破坏、失稳的判别和预测。对于冲击性动力灾害的监测及预警而言，最为重要的是如何通过声发射监测信息的动态分析，建立相应的分析方法，实现潜在灾源的识别及预警。而这恰恰是目前有待解决的难题[17~19]。

正如前文所述，岩爆和冲击地压的发生，不仅与岩体所处环境有着密切的关系，也与岩石自身的结构性能相关。岩石具备发生这系列冲击性动力灾害的性能称之为冲击倾向性。因此，深入研究和分析具有冲击倾向性的岩石在不同受力方式下的声发射特征，对于岩爆、冲击地压等动力灾害的监测、分析和预警有着重要的意义[2,9~11]。

本书以冲击倾向性岩石为研究对象，进行单轴压缩、三轴压缩、加卸载扰动下的声发射试验，通过试验与理论研究冲击倾向性岩石在不同受力条件下的破坏全过程应力、应变等特征，并结合声发射基本参数、波形进行分析，通过声发射分析方法区分出冲击倾向性岩石在不同受力变形破坏阶段的声发射特征，并寻求岩石破坏前兆声发射判据，从而为岩石发生冲击破坏识别提供依据。同时，在工程实际中，准确判断出岩体完全破坏的时间及位置，可为岩爆、冲击地压的声发射监测及预测提供参考依据。

1.2　岩爆、冲击地压研究进展综述

1.2.1　岩爆、冲击地压概述

1.2.1.1　岩爆

岩爆是地下工程中发生在高地应力岩体中的一种常见冲击性动力灾害。其经常表现为地下工程在开挖过程中或开挖之后围岩的爆裂松脱、剥落、弹射甚至抛掷现象[9,10]。发生岩爆的必要条件是岩体中具有较高的地应力，并且超过了岩石自身的极限强度；同时，岩石本身也应当具备较高的弹性和脆性[20]。

最早报道的岩爆现象是 1738 年英国的锡矿，此后，在南非、波兰、加拿大、美国、印度、澳大利亚、中国、日本等诸多国家及地区陆续地报道或记录了岩爆

现象的发生。岩爆的产生会直接威胁到人员、设备等安全。随着地下工程的深度不断增加，岩爆灾害事故发生的频率越来越高，破坏性亦越来越大。这是由于深部岩体在高地应力环境下储存能量的能力增强，在采动作用的影响下，围岩体破坏后，这部分高能量快速释放出来。由于岩爆发生的地点具有"随机性"，孕育过程具有"缓慢性"，发生过程具有"突变性"，故易对人员、财产造成极大危害[2,20~22]。

岩爆是一种发生在地下工程中埋深大或构造应力高的冲击性动力地质灾害。根据国内外学者各种对工程现场描述的记录，岩爆发生过程中，岩体会突然产生爆裂响声，随着响声的出现，还会出现碎石、碎块崩裂现象，有时候碎石、碎块的开裂和脱落会出现一定的滞后性，时间间隔分别从几分钟到几个小时的情况不等，最长时间甚至可达近一年之久。崩裂的碎石、碎块有时会以极高的速度弹射出来，弹射距离可达几米不等。碎石、碎块的尺度多为厘米级，也会出现尺寸超过1m的较大岩块，对人员造成极大伤害。图1-1所示为典型的金属矿山岩爆发生现场。

图1-1　金属矿山巷道岩爆发生现场

1.2.1.2　冲击地压

冲击地压是煤矿开采过程中，在井巷、开采工作面周围的岩体，由于弹性变形能的瞬间释放，发生的以突然、急剧、猛烈为破坏特征的一种矿山动力灾害现象，并且具有很大的破坏性。总的概括有以下几个特点：突发性、瞬时震动性、巨大的破坏性[23,24]。冲击地压与岩爆有着相似性，故在岩石力学领域，部分学者把岩爆和冲击地压认同是一种岩石动力学现象，因此将二者等同为同义，但对此观点在2010年7月的中国科协51次新观点新学说"岩爆机理探索"学术沙龙上讨论存在较大争议[11]。

之所以会存在这种差异，其实是不同行业对工程的不同理解产生的。二者之间的共同点，都是发生在高应力区的岩体，在围岩破坏后，出现岩石碎裂、抛掷的动力现象；不同点在于，煤炭行业把这种破坏性大并成为灾害的现象作为冲击地压。

据不完全统计，近十几年我国发生冲击地压的煤矿，分别有抚顺、北京、阜新、义马、华亭等地，数量不少于 100 个。一方面是由于矿山的开采强度增大，另一方面是开采深度的增加；并且随着开采深度的增加，冲击地压发生的规模也越大。仅在 2011 年 11 月 3 日河南义马的千秋煤矿发生的一起冲击地压就造成了10 人死亡、60 多人受伤，直接经济损失达到 2700 多万元[11,24]。

1.2.2 岩爆、冲击地压机理

为了更好地指导生产实践，国内外的学者们针对岩爆、冲击地压这类冲击性动力破坏现象发生的特点，提出了关于岩爆、冲击地压发生机理的若干假说。总的归纳起来，可分别包括以下几类：刚度、强度、能量、变形失稳、分形、突变、"三准则"以及冲击倾向性等理论[9~13,17~24,26~34]。

（1）刚度理论。是指根据岩体的刚度来判定是否发生冲击动力破坏现象。

$$K_{CF} = \frac{K_m}{|K_s|} \tag{1-1}$$

式中　　K_m——全应力应变曲线加载过程刚度；

　　　　K_s——全应力应变曲线峰后刚度。

一般认为，当 $K_{CF} < 1$ 时，发生冲击；而当 $K_{CF} > 1$ 时，不发生冲击。

（2）强度理论。以岩石的单轴抗压强度 R_c 作为评判指标，当岩体与围岩体达到静力平衡时，以强度准则作为是否发生冲击动力现象的判据。

当 $\sigma_1 < (0.15~0.20) R_c$ 时，会发生冲击动力破坏现象。其中，σ_1 为岩体初始应力。

（3）能量理论。由 Cook 等人在总结南非 15 年的岩爆研究和防治经验基础上提出，当岩体-围岩体系在力学平衡状态遭到破坏时，如果释放能量大于消耗能量，则发生冲击动力破坏现象。之后有人在此基础上，考虑了时间、空间等因素，又提出了剩余能量理论。

（4）变形失稳理论。实际上是将围岩整体看成一个系统，冲击动力破坏的发生是系统由不稳定向稳定变化的过程，其中假设系统势能为 E，则有：

当 $\delta^2 E > 0$ 时，系统稳定，势能最小；当 $\delta^2 E = 0$ 时，系统平衡；当 $\delta^2 E < 0$ 时，系统不稳定，势能最大。

即当 $\delta E = 0$，$\delta^2 E < 0$ 时，认为会发生冲击动力破坏现象。

（5）分形理论。是建立在分形几何学的基础上，针对岩爆、冲击地压发生过程的分形特征。总的来说，在发生岩爆、冲击地压之前，分形维数相对较高；临近岩爆、冲击地压发生时，分形维数开始明显下降。

（6）突变理论。从建立煤岩体突变模型角度出发，对顶底板压力、刚度及煤岩损伤扩展耗散能量定量分析，定性解释冲击动力破坏的发生机理。

（7）"三准则"理论。由我国学者李玉生在1984年提出，该理论在基于强度理论、能量理论和冲击倾向性理论的基础上认为，强度准则是煤岩体破坏准则，而能量准则和冲击倾向性准则是突然破坏准则，当上述条件同时满足时，才会发生冲击动力破坏现象。

（8）冲击倾向性理论。是指煤岩体具备发生冲击动力破坏能力的性质，称为冲击倾向性。通过对煤岩体物理力学性质的测定，预测是否会发生冲击动力现象。评价煤岩体是否具有冲击倾向性指标包括动态破坏时间、弹性能量指数、冲击能量指数、刚性比指标、脆性指数、能量指标、弹性变形指标、有效冲击能指标等。

（9）其他理论。齐庆新等人[23]从煤岩体结构特征的角度出发，提出"三因素"准则，即冲击倾向性、高度应力集中或高度能量储存与动态扰动、具有弱面和容易引起突变滑动的层状界面三种因素；潘立友[26]在预报冲击地压时，提出扩容理论；也有学者从断裂力学、损伤力学和稳定性理论的角度出发，研究围岩体裂纹扩散规律、能量耗散及围岩稳定性，预测冲击动力破坏的发生[33~43]。

目前，在对岩爆、冲击地压机理的研究中，主要还是以强度、能量和冲击倾向这些理论占主导地位，且分别从不同的角度阐述了岩爆及冲击地压发生的机理。可以看出，这些理论从本质上说是存在相互联系的。其中，"三准则"理论是将强度、刚度及能量这三种理论进行了组合；而失稳理论是对强度、刚度和能量这三种理论的发展；突变理论也是对强度、刚度和能量这三种理论的进一步发展；分形理论是一种可预测性和相关性的研究，尚未上升到机理的认识。

1.2.3 国内外岩爆、冲击地压研究现状

自英国首次报道发生岩爆现象以来，距今已经有270多年的历史，我国最早对冲击地压现象的报道，可追溯到1933年的胜利煤矿。岩爆、冲击地压真正得到关注和认识应该是在20世纪的70~80年代。1977年，由德国、印度、波兰及苏联等国家组成的岩石力学专家小组，对20世纪以来发生的冲击地压注释资料进行了系统性的编写。针对岩爆、冲击地压的专门研讨会，也分别在南非（1988年、2001年）、美国（1990年）、加拿大（1993年）、波兰（1997年）等地陆续召开。

我国对岩爆、冲击地压方面的研究相对较晚，但近几十年，我国借鉴和应用国外先进的理论、技术手段[44~50]，开展了许多具有价值的研究。如罗贻岭[51]对公路隧道中出现的岩爆现象的成因进行了分析，针对地质应力场构成的地质环境、岩石的弹性变形特征、弹性势能的积蓄和释放及洞室的埋深等方面，判断岩

爆发生的可能性并提出了相应的岩爆防治措施。张如琯[52]在煤矿掘进工作中，遇到相变硅质岩发生岩爆现象，并认为此次岩爆的发生与岩石性质、地质构造、岩层所处的应力状态及施工方法等因素有关。潘长良等人[53]为提高岩爆预测的准确性，系统归纳了国内外岩爆预测预报的方法，总结了岩爆预测判据。姚宝魁和张承娟[54]针对高地应力区域的硐室围岩岩爆及其断裂破坏机制进行了研究，指出岩爆的发生需要具备一定的应力条件和岩体结构、性质，弹性应变能的大量突然释放是岩爆的本质，而岩体的断裂破坏是岩爆的发生机制。陶振宇[55]系统总结了国内外若干工程岩爆现象，得到越是坚硬的岩石，发生岩爆的可能性就越大，岩爆发生的过程中，始终是伴随着声发射现象。陈宗基[56]总结了大量工程实例，研究了岩石和煤的蠕变扩容与脆性性状，提出了蠕变扩容理论和简化脆性破坏理论，并提出了对岩爆、煤爆的定位、预测和缓解方法。梁政国[57]对煤矿岩爆现象发生的成因、规律及其防治进行了研究，得到煤自身性质是决定岩爆是否发生的内在因素，较硬、较脆和弹性高的煤相对而言更容易出现岩爆现象。谭以安[10,58]分别从岩爆断面、弹射岩块的几何形态、力学和动力学特征以及声学特征及时空效应等方面，提出了岩爆形成过程三阶段，实现了对岩爆渐进破坏过程和破坏分带的机理研究的突破。侯发亮和王敏强[59]重点讨论了岩爆临界围岩应力判据，得到了岩爆与临界埋深的关系公式，并提出可采用超前应力解除的方法防治岩爆。肖望强和侯发亮[60]利用断裂力学原理，从岩石的开裂、裂纹扩展及其失稳破坏角度，分析了岩爆孕育、发生和发展全过程，以能量释放率作为岩爆的判据指标，并进行了实际工程应用。邹成杰[61]论述了岩爆发生的基本规律和条件，在结合以往国内（以谭以安[10,13,58]为代表）、国外（挪威 Russense[62]）的岩爆烈度分级标准，综合考虑了 9 个分级影响因素后，对岩爆的烈度进行了重新分级。徐曾和[63]针对矿井中常见的钻孔岩爆间滞后现象进行了探讨，在考虑了介质应变软化特性的基础上，推导了静水压力下的两种岩爆条件，对理想弹塑性体和黏弹性-理想塑性情况进行了对比分析。王敏强和侯发亮[64]通过研究锦屏洞室板状岩体岩爆现象发现，上覆岩层是岩爆发生的重要因素，针对现场岩爆破坏形态，提出了边壁破坏的板梁-脆性弹簧模式，同时提出了相应的岩爆机理和判别方法。陆家佑和王昌明[65]在研究洞室岩爆现象后发现，周围的岩体会留下破坏的痕迹，因此，通过研究这些破坏面形成的几何尺寸和破坏机制，通过反分析法可求得岩体应力开挖释放前的状态，从而对岩爆预测和判别提供依据。贾愚如和黄玉灵[66]对声发射（AE）法监测、预报岩爆进行了研究和讨论。基于岩石扩容理论，岩石在临爆前可观测到微重力变化异常，吴其斌[67]介绍了波兰 IGAMM 20多年以来微重力测量结果，在对这些结果揭示的基础上，研究和讨论了利用微重力法应用到岩爆预测中。潘一山等人[68]基于一般稳定性理论，提出岩爆扰动响应判别准则，得出了岩爆发生临界塑性区深度与临界应力，并认为即将到达临界应力值时，洞室就有可能在扰动下失稳，发生岩爆；而岩石弹性模量与峰后降模量的比值，决定了洞室是否稳定。费鸿禄等人[69]采用突变理论研究了狭窄煤（岩）柱岩爆特征，得到了岩爆发生条件下，顶板变形量和能量的表达式。谢和平和 W. G. Pariseau[70]将分形几何的概念引入到岩爆诱发的微地震进行分析，研究表明，当接近一个主岩爆时，随着微地震事件集聚程度增加，分形维数值会相应的减小；分形维数的变化规律实际上和地震学中的强震降维现象是一致的，可用这种变化规律来预测岩爆的发生。冯夏庭[71]运用神经网络系统理论，建立了一种自适应模式的岩爆预报识别方法。笪盖等人[72]对深部岩爆进行了声发射监测与数值模拟。侯发亮[73]采用大吨位试验机进行了岩爆的真三轴试验研究。唐宝庆和曹平[74]从岩石全应力应变曲线角度出发，研究了岩爆能量指标值 $W_{T\phi}$，并指出当 $W_{T\phi} > 1$ 时，有可能发生岩爆；$W_{T\phi} < 1$ 时，无岩爆发生；$W_{T\phi} = 1$ 时，不能确定，并在现场中得到良好的实践检验。徐曾和等人[75]运用尖点突变模型理论对煤柱岩爆非稳定机制进行了研究，给出了岩爆发生准则，并讨论了岩爆发生的前兆规律与过程，为监测岩爆提供了有用的前兆信息。周瑞忠[76]从静力平衡、强度破坏和断裂破坏不同角度出发，研究了发生岩爆的工作面的计算模型，确定了岩爆发生力学机理和临界条件，定量化地解释了岩爆发生规律。接着王元汉和李廷芥[77]对该文[76]做了进一步的讨论；同时，随着国内对岩爆、冲击地压研究的持续增长，国外岩爆、冲击地压的文献[77~90]也依旧活跃。

总体看来，由于国内对岩爆、冲击地压的研究相对较晚，而且实际工程运用中更侧重于现场实践，因此，较早期的文献主要针对岩爆、冲击地压的治理和预测研究，但其中仍不乏对岩爆现象介绍、岩爆机理的研究；此外，国外的先进理论和技术在国内也受到普遍关注和运用。至 20 世纪 90 年代，研究的问题涉及机理、判据指标、岩石性质（脆、硬）、地质构造、岩层所处应力状态及施工方法，运用的方法和手段包括数值模拟、微震法、声发射法、电磁辐射法、微重力法、回弹法、光弹法等[91~128]。

1.2.4 岩爆、冲击地压评价及预测方法

岩爆、冲击地压的评价和预测是采矿工程进入深部后需要面临的巨大难题，如何有效地预测岩爆、冲击地压的发生，确定岩爆、冲击地压可能发生的区域时间、地点和危险程度等信息是岩土工程界共同关注的问题。

目前，国内外评价和预测岩爆、冲击地压的方法，大致可以分为理论分析法与现场实测法这两类[48]：

（1）理论分析法是对现场煤岩体进行取样，并利用已经建立的岩爆、冲击

地压的各类判据及指标进行分析、判断的一种方法。理论分析法主要从应力判据、岩性判据、能量判据、临界深度判据、冲击倾向性判据、综合指数及数值模拟等方面出发，用一个或一组判据指标分析岩爆、冲击地压的可能性，由于成本低，能较好模拟现场因素，满足预测目的，因此具有一定的优越性。

（2）现场实测法主要是对现场岩体进行直接监测和测试，从而判断岩爆、冲击地压发生的可能性。概括起来可以包括以下几种：钻屑法、微震法、声发射法、电磁辐射法、微重力法、流变法、回弹法、光弹法、振动法和电阻法等。

由于岩爆、冲击地压的发生具有"随机性""缓慢性""突变性"的特点，有时候仅仅凭借单一的方法来进行预测具有一定的难度。因此，在实际采矿工程中，研究者往往需要先对现场的工程地质环境、地应力、矿岩力学特性等方面进行探查，特别是对矿岩进行冲击倾向性室内试验，在此基础上，结合采用（如声发射、微震等）监测技术手段，预测和评价开采扰动过程中发生岩爆、冲击地压可能性。

1.3 岩石冲击倾向性理论的研究进展综述

大量的试验研究和生产实践表明，采矿活动中，煤岩体是否发生岩爆、冲击地压等一系列冲击性动力灾害现象，不仅与开采过程中煤岩体所处的应力状态有关，同时也取决于煤岩体是否具备冲击倾向性[129]。煤岩体具有冲击倾向性，是评价和预测岩爆、冲击地压发生的一个必要条件。具有冲击倾向性的煤岩受力破坏过程有着一系列特殊性。这些特殊性可以通过冲击倾向性指标来表征。

发生岩爆或冲击地压的岩层具有突然破坏并在瞬间释放大量弹性变形能的能力，而各类岩石储能和突然破坏的行为有所不同。对此，人们研究出了多种可测定煤岩体的固有冲击倾向性指标。国内外较常用的方法是，通过对现场某一岩层或某一区域的不同地点钻取岩样，在实验室进行力学试验，测试或计算得到不同的指标值，计算煤岩的冲击倾向性指数，据此判定该煤层或该区域是否具有冲击倾向性。

煤岩体冲击倾向理论认为当煤岩体的冲击倾向度大于它的临界值时，便会发生岩爆、冲击地压。

煤岩冲击倾向性是指煤岩体具有的积聚变形能并能产生冲击破坏的性质[129~132]。总结国内外已提出的衡量煤岩体的冲击倾向指标，主要有煤岩体的能量、破坏时间、变形大小和刚度四个方面。

（1）时间指标。动态破坏时间 DT 是指煤岩体试件在单轴压缩状态下，从其极限强度到完全破坏所经历的时间。一般认为，当 $DT>500$ 时，岩石无冲击倾向性；当 $50<DT\leqslant500$ 时，岩石具有弱冲击倾向性；当 $DT\leqslant50$ 时，岩石具有强冲击倾向性。

（2）能量指标。

1）弹性能量指数（W_{ET}）。是指煤岩体在压缩状态下，当受力达到某一值时（破坏前）卸载时的弹性变形能与塑性变形能（耗损变形能）之比。一般认为，当 $W_{ET} < 2$ 时，岩石无冲击倾向性；当 $2 < W_{ET} < 5$ 时，岩石具有弱冲击倾向性；当 $W_{ET} \geqslant 5$ 时，岩石具有强冲击倾向性。

2）冲击能量指数（K_E）。是指煤岩体试件在压缩状态下，在应力应变全过程曲线中，峰值前积蓄的变形能与峰值后损耗的变形能之比。一般认为，当 $K_E < 1.5$ 时，岩石无冲击倾向性；当 $1.5 \leqslant K_E < 5$ 时，岩石具有弱冲击倾向性；当 $K_E \geqslant 5$ 时，岩石具有强冲击倾向性。

3）冲击能指标（W_{CF}）。在刚性试验机得到煤岩的全应力应变曲线。该曲线较直观和全面地反映试件蓄能、耗能到完全破坏全过程，包含有关冲击倾向性的丰富信息，对于揭示冲击倾向性的物理本质和分析其他冲击倾向性指标具有重要意义。一般认为，当 $W_{CF} > 2.0$ 时，岩石具有强烈冲击倾向性；当 $1.0 \leqslant W_{CF} \leqslant 2.0$ 时，中等冲击倾向性；当 $W_{CF} < 1.0$ 时，无冲击倾向性。

4）弯曲能量指标（U_{WQ}）。针对大面积悬空的岩石顶板发生冲击地压提出的判别指标。一般认为，当 $U_{WQ} < 15kJ$ 时，顶板岩层无冲击倾向性；当 $15kJ \leqslant U_{WQ} \leqslant 120kJ$ 时，岩层具有弱冲击倾向性；当 $U_{WQ} > 120kJ$ 时，岩层具有强冲击倾向性。

5）有效冲击能指标（η_E）。通过用刚性试验机进行单轴压缩试验，测得煤岩试样破坏时碎片水平抛掷距离和质量，求得总能量 Φ_k，同时测得试件破坏前最大轴向应变 ε_u 和极限应力 σ_u，得到最大弹性应变能 Φ_o。再用最大弹性应变能 Φ_o 与总能量 Φ_k 的比值 η 表示。其中，η 值越大表示煤的冲击倾向性越大。一般认为，当 $\eta < 3.2$ 时，无冲击倾向；当 $3.2 \leqslant \eta \leqslant 4.0$ 时，中等冲击倾向；当 $\eta > 4.0$ 时，强烈冲击倾向。

由于计算该指标的碎片抛掷能量有一定难度，因此，该指标的推广应用受到限制。

6）能量指标（P_{ES}）。由试件单轴抗压及加卸载变形试验测得，它反映了岩样在压缩载荷作用下达到极限强度时所积蓄的有效弹性能。一般认为，当 $P_{ES} \in (0, 50)$ 时，无冲击倾向；当 $P_{ES} \in [50, 100)$ 时，具有中等冲击倾向；当 $P_{ES} \in [100, 200)$ 时，具有强烈冲击倾向；当 $P_{ES} \in [200, +\infty)$ 时，具有极强烈冲击倾向。

该指标通常用来确定岩石（部分软岩）的冲击倾向性。而对于煤层而言，由于其抗压强度比岩石（软岩除外）小，因而按上式确定的 P_{ES} 值很小，不适于按此分级标准来评判煤层的冲击倾向性。

（3）变形指标。

1）弹性变形指标（K_i）。与 W_{ET} 指标具有相似的物理意义。由原全苏矿山测量研究总院提出，为在载荷不小于峰值强度的 80% 的条件下，用反复加载和卸载循环得到的弹性变形量与总变形量之比。一般认为，$K_i \geq 0.7$，有冲击倾向性；$K_i < 0.7$，无冲击倾向性。

2）脆性系数（K_B）。目前多应用于非煤矿山的冲击倾向性预测。关于煤岩脆性有很多定义和计算方法，目前岩石力学界没有统一标准。对于脆性，主要有四种表示方法：应变、强度、能量、角度。脆性系数（K_B）可通过岩石的抗压强度（σ_c）和抗拉强度（σ_t）的比值表示。

3）蠕变柔度系数 Y_i。该指标从煤岩蠕变特性出发，通过研究煤岩在蠕变破坏失稳过程形成延迟冲击地压机理，提出通过采用该指标判定煤岩发生冲击地压的强弱。一般认为，当 $0 < \max(Y_i) < 1$ 时，无冲击倾向性；当 $\max(Y_i) = 1$，失稳破坏；当 $1 < \max(Y_i) < 2$，中等冲击倾向性；当 $\max(Y_i) \geq 2$，强冲击倾向性。

此方法是由煤试件在单轴分级加载条件下的蠕变特性研究基础上提出的。因此，该标准对岩石是否适合有效，还有待进一步研究和完善。

（4）刚度比指标。刚度比指标（K_{CF}）表示全过程曲线上屈服点前后的刚度之比。目前国内外尚未对 K_{CF} 给出统一的分级标准，仅认为当 $K_{CF} < 1$ 时有冲击，而 $K_{CF} > 1$ 时无冲击。总结和分析国内外有关资料，给出 K_{CF} 的分级，即当 $K_{CF} < 0.5$ 时，强烈冲击倾向；当 $0.5 \leq K_{CF} \leq 1.0$ 时，中等冲击倾向；当 $K_{CF} > 1$ 时，无冲击倾向。

当测定值发生矛盾时，应增加试件数量，其分类可采用模糊综合评判的方法或概率统计的方法。

此外，有许多学者在基于上述冲击倾向性指标和工程实践的基础上，提出新的冲击倾向性指标。如唐礼忠等人[101]通过分析岩爆岩石变形破坏过程中的能量变化，提出了以岩石峰值应力前储存的弹性应变能和峰值应力稳定破坏所需的能量耗散之差（即剩余能量）与峰值应力后稳定破坏所需的能量耗散之比作为耗散能量指数，以反映岩石在峰值应力后区的动态特性；并将其作为一种评价冲击倾向性的判据，分析了将剩余能量指数作为冲击倾向性指标的合理性。祝方才等人[100]在冬瓜山矿岩力学试验的基础上，综合考虑岩石弹性能指数和冲击能量指数，得出了一个考虑岩石峰值应力所储存的弹性能与峰值应力后耗散能的冲击倾向性指标。唐礼忠等人[133]从岩石弹性变形能储存能力和能量耗散关系出发，在基于铜陵有色公司冬瓜山铜矿岩爆倾向性岩石试验的基础上，提出将岩石单轴抗压强度与其抗拉强度之比值和岩石峰值应力前的总应变量与峰值应力后的总应变量之比值相乘，得出的一种新冲击倾向性指标。尚彦君等人[134]在已建立的应变型冲击岩爆五种因素综合判据的基础上，通过结合现场地质调查、统计分析和运用关系矩阵法，对多个因素和指标进行综合分类，形成包括最大切应力、岩石抗拉强度和岩体完整性指数等三个主要独立参数的岩爆趋势经验表达式。杨健和武雄[135]为避免单一判据所带来的局限性，在综合分析岩爆发生条件的基础上，对岩爆产生的影响因素进行了系统归类，提出了一种全面考虑岩爆灾害发生的多种影响因素综合预测岩爆的评价方法，即系统决策和模糊数学相结合的层次分析-模糊综合评价法（AHP-FUZZY），为岩爆灾害评价提供了一种新的综合预测和评价方法。潘一山等人[136]针对冲击倾向性指标不能完全反映实际煤层冲击危险程度的问题，提出了基于时间效应的冲击能量速度指标、临界软化区域系数和临界应力系数三种新指标，并与动态破坏时间、弹性能指数、冲击能指数和单轴抗压强度等四种传统的冲击倾向性指标结合，用于判断与评估煤层冲击危险性煤样。

1.4 声发射与声发射技术

声发射（acoustic emission，AE）的定义可以分为广义和狭义两种，狭义上的理解为材料受外力作用下，其内部由于局部应变能的快速释放而产生的瞬时弹性波的一种物理现象，因此，有时也会称为"应力波发射""应力波振动"等[14~16,137~141]；而广义上的理解则是在泄漏等外力作用下，激发能量波在材料中传播的一种物理现象。通常又把利用声发射仪器接收声发射信号，对材料或构件进行动态无损检测的技术，称为声发射技术，将发射弹性波的位置（变形、断裂等）称为声发射源。近年来，对流体泄漏、摩擦、撞击、燃烧等与变形和断裂机制无直接关系的另一类弹性波源，又被称为其他或二次声发射源。图1-2所示为声发射波传播的示意图。

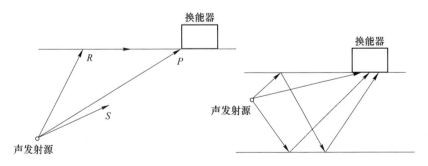

图 1-2　声发射波的传播示意图[141]

R—表面波；P—纵波；S—横波

耿荣生等人[138]把金属、岩石等固体材料受力变形、断裂过程所发出的声音，比喻成材料遇到"麻烦"而表现出的"说话"的现象，但这种"说话"声音多数情况下人们是无法直接听见的，往往需要借助一些仪器的帮助进行检测，这是由于人耳所能听到的声音频率在 2Hz～20kHz 左右，而材料损伤发出的声音频率通常会比这个范围大。因此，在进行声发射检测时，通常会选择与被测物体频率相近的传感器，图 1-3 所示为声发射频率范围及其所对应的工程领域的示意图。

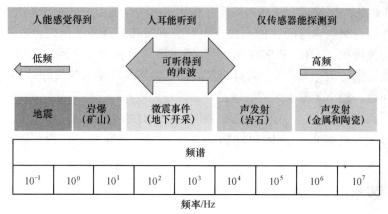

图 1-3　声发射频率范围及其所对应的工程领域[91,137]

1.4.1　Kasier 效应与 Felicity 效应

现代声发射技术的特点与发展，应该从 1950 年开始，德国人 Kaiser[142] 研究了各类金属材料的声发射特性，通过详细研究，发现了金属材料中声发射过程存在不可逆性。材料受载过程中的声发射过程具有不可逆性，指的是其所受应力水平超过其之前所受过最高应力水平时，才释放出大量声发射的一种现象，这一特性又称为岩石对受载历史的记忆性，也称 Kaiser 效应。正是由于材料声发射过程具备不可逆性特征，使得声发射方法在用于评价材料原先所受损伤程度、揭示材料历史受力水平等方面得到广泛应用，直到今天材料的不可逆性仍然是国内外研究的热点问题[141,143～147]。

Felicity 效应又被称为反 Kaiser 效应，顾名思义，即对于重复加载的材料，在再次加载应力水平到达历史最高应力水平之前就出现明显的声发射现象。Felicity 比是指再次加载大量声发射产生时所对应的应力值 P_{AE} 与历史所受最大应力 P_{MAX} 之比。这一比值常常被用于反映材料中原先所受损伤程度。

1.4.2　声发射技术的特点

声发射技术的特点如下：

（1）声发射检测技术是一项无损检测方法，可在不损伤材料的条件下，及早发现或预报材料疲劳或破坏。

（2）声发射检测技术是一种动态检测方法，通过捕捉材料内部的变形、破坏所释放出的应力或应变能，无需外部提供能量。

（3）声发射检测对缺陷性材料较为敏感，可通过声发射技术实现在线追踪材料缺陷的活动规律，如在线监测岩体变形破坏等。

（4）声发射检测对材料的接近程度不高，可替代其他检测方法，运用于高、低温、潮湿、易燃易爆、核辐射等较恶劣的环境中。

（5）声发射检测对被检测的材料、构件尺寸的要求并不高，可适用于各种较为复杂的材料与构件中。

需要指出的是，声发射检测是一种动态检测方法，探测的是机械波，通常因材料、通道数量、传感器、载荷、环境等各方面的变化，会出现相差较大的结果，因此，检测人员需要根据不同的实际工程，依据经验做出正确的分析和判断。

1.4.3 声发射技术的发展与应用

要通过对声发射信号进行检测分析，从而推断材料内部的损伤、变化特性，就离不开声发射仪器的帮助。随着科技的飞速发展，一代又一代的仪器更新换代，声发射仪器的更新，从某种意义上说，其实就是对声发射理论认知的进步。

20世纪30年代，美国矿务局工程师 L. Obert 和 W. L. Duvall 应用超声检测矿柱发现了声发射现象，后来在实验室内和现场的研究中均发现声发射现象；随后 Obert Duval（1941年）和 Hodgson（1942年）再逐步将声发射技术应用于矿山塌陷的预测中。

现代声发射技术的发展应从1950年的 Kaiser 效应被发现开始算起。总的概括起来可以分为几个阶段，见表1-1。

表1-1　现代声发射技术发展主要历程[14,15,140~147]

发展阶段	主要研究机构	技术进步	应用情况
1950年	Kaiser（德国）	声发射作为一项技术进行科学研究工作	Kasier 效应：材料形变声发射的不可逆效应
20世纪50年代末	Schofield 和 Tatro（美国）	研究各种材料声发射源物理机制	初步应用于工程材料无损检测领域、压力容器检测
20世纪60年代初	Dunegan（美国）	声发射检测频率的提高	为在现场监视大型构件的结构完整性应用创造了条件
20世纪70年代和80年代初	各国相关研究人员	从声发射源机制、波的传播和声发射信号分析方面开展了广泛和深入的系统研究	在化工容器、核容器和焊接过程的控制方面取得了成功
20世纪80年代初	PAC 公司（美国）	将现代微处理机技术引入声发射检测系统	设计出了第二代源定位声发射检测仪

续表 1-1

发展阶段	主要研究机构	技术进步	应用情况
20 世纪 90 年代	PAC 公司（美国）和 Vallen 公司（德国）	引入数字处理技术	开发全数字系统
21 世纪	PAC 公司（美国）	SAMOS™ 系统：高速、全数字、全波形、强抗干扰等	开发第三代数字化多通道声发射检测分析系统

　　我国在声发射技术研究方面始于 20 世纪 70 年代初期，最先开始的也是对金属材料和复合材料方面的声发射特性研究。声发射技术在我国发展自开始起就以实际应用为目的，广泛应用于压力容器的无损检测中。到目前为止，已在材料工程、压力容器评价、结构完整性估计、焊接质量控制、管线泄漏探索、机械设备在线监测、地应力测量等多个领域取得了丰富的成果。研究领域也涉及石油化工、材料、航天、航海、交通运输、水电、土木工程等多个学科。

1.5　声发射技术在岩土工程领域的应用

　　对岩石破坏失稳前进行有效的预测，具有重要的现实意义和工程应用背景[148,149]。声发射（AE）技术以具备提供材料内部缺陷随载荷、时间、温度[150]等外变量而变化的实时性和连续性的特点，在岩土工程领域的灾害监测、预警方面成为不可替代的重要角色[147,151]。

　　目前，国内外学者运用声发射技术围绕着岩石与工程方面，展开了多方面的研究，分析了岩石不同受力状态下的声发射特性，并取得了大量有价值的研究成果。

　　20 世纪 60 年代，声发射（AE）技术开始逐渐广泛应用于岩土工程领域中。20 世纪 60 年代初期，Mogi 进行了大量的声发射试验研究，研究了岩石受压破裂过程的声发射特性[14]。20 世纪 80 年代，D. J. Holcomb 和 L. S. Costin[152] 应用声发射技术研究了岩石类脆性材料的破坏情况。20 世纪 90 年代，M. V. M. S. Rao 和 Y. V. Ramana[153] 研究了岩石在循环加载过程中的渐进破坏时的声发射特征；D. A. Lockner[154] 探讨了声发射技术在研究岩石破坏机理方面的作用；S. J. D. Cox 和 P. G. Meredith[155] 研究了岩石微破裂、软化过程中的声发射现象；V. Rudajev 等人[156] 研究了单轴压缩条件下岩石破裂过程中的声发射特性；B. J. Pestman 和 J. G. V. Munster[157] 针对砂岩在三轴应力状态下的破坏特性和声发射特性之间关系、应力记忆现象进行了研究。20 世纪末，S. T. Dai 和 J. F. Labuz[158] 研究了岩石类材料损伤与声发射特性之间的关系及对不同孔隙度的类岩石材料的声发射特性，所得研究结果可用于此类材料破坏的实时监测和预报。

近年来，S. A. Hall[159]，R. Přikryl[160]等人进行了单轴压缩条件下岩石裂隙演化过程中声发射特性的研究；L. G. Tham[161]等人采用多通道声发射系统监测研究了板状岩石试样在拉伸时的声发射特性，并采用二维有限元软件对声发射进行了模拟分析；P. Ganne[162]等人利用声发射技术对岩石峰值前的脆性破坏进行了研究，给出了整个过程中累积声发射能量的 4 个过程。

相比国外，声发射（AE）技术在我国的岩土工程领域初步得到应用，可追溯至 20 世纪 70 年代，起步相对较晚。我国学者陈颙[146]较早开展了室内岩石声发射试验的研究，将岩石力学与地震学联系起来，评述了声发射技术在岩石力学研究中的应用，并介绍了应用声发射技术预测预报地震。此后，室内岩石声发射试验研究较多。如包春燕等人[163]用单轴循环加卸载试验模拟交通荷载，在以石灰岩为研究对象的基础上，进行了室内单轴循环加卸载过程声发射试验研究，并采用了声发射数值模拟软件 RFPA^{2D}模拟其循环加卸载的整个过程。试验结果表明石灰岩在加卸载过程中存在明显的 Kaiser 效应和 Felicity 效应。得到了当加卸载响应比值接近 1 时，可作为岩石破坏失稳的前兆信息。石灰岩破裂过程中声发射能量加速释放现象明显。李庶林等人[164]在刚性试验机上进行了单轴受压岩石破坏全过程声发射试验，研究了声发射事件数、声发射事件率与应力、时间之间的关系。研究结果表明，在一次性加载过程中，不是所有的岩石都具有典型的声发射 Kaiser 效应点。弹性阶段的初期和后期，随着应力水平的增加岩石声发射明显增加，特别在弹塑性高应力阶段，岩石声发射增长迅速；接近岩石峰值强度时，单位时间的应力增长速度小，声发射事件率下降明显，出现相对平静阶段；声发射事件率在不同应力水平变化大，岩石峰值强度后依然存在明显的声发射现象。尹贤刚等人[165]在单轴压缩声发射试验的基础上，建立了岩石破坏声发射强度的分维模型，研究了不同应力水平下声发射分形特征。研究得出，试验加载初期，声发射分形维数值变化反复，不稳定。统计声发射分形维数值整体规律发现，加载至一定应力水平后，声发射分形维数值整体上是由较大值向较小值变化，并且在临近主破裂前声发射分形维数出现最小值。在实际工程应用中，可用声发射分形维数值的变化规律来监测、预测岩石破坏失稳。李元辉等人[166]应用声发射及其定位技术，进行了岩石单轴压缩破坏的声发射试验，研究了岩石破裂过程中不同应力水平下的声发射 b 值和空间分布分形维数值。声发射分形维数值和 b 值均反映了岩石损伤、破坏过程是一个由微裂纹产生到裂纹扩展的演化过程，在破坏失稳前二者均快速地下降至最小值。由于工程实际中对二者数值的大小往往无法确定，只能根据变化趋势来判断，因此，在通过声发射进行预测岩石破坏时，建议将二者相结合加以判断，以提高预判的准确性。裴建良等人[167]采用 PCI-2 型声发射仪研究了花岗岩在单轴压缩损伤破坏过程中声发射事件空间分布的分形特征。研究表明，声发射事件随应力增加逐渐活跃，加载初期声发射数量较少，应力接近峰值强度时，声发射事件的空间分布随应力增加是一个降维过程，其空间分形维数 D 值在 3~2 内变化，在岩石峰值强度时，分形维数 D 值最小。

在岩石三轴压缩声发射试验方面，陈景涛[168]基于常规三轴压缩试验，研究了花岗岩破坏全过程的变形特征和声发射特征，分析了围压对岩石变形特征和声发射特征的影响。研究表明，围压对岩石的声发射特征影响明显，随着围压的增加，声发射现象稳定增加阶段越来越明显，声发射现象急剧增加程度逐渐减弱，趋于不明显；岩石的变形特征与声发射紧密相关，可以利用岩石声发射现象缓慢增加阶段作为判断岩石弹性变形阶段，从而确定岩石的弹性极限，同时可利用岩石声发射现象急剧增加阶段的起点判断岩石的破坏前兆。雷兴林等人[169]研究了粗晶粒花岗闪长岩（inada granite）和细晶粒花岗闪长岩（oshima granite）在三轴压缩变形下的声发射活动空间分布特征。研究结果表明，粗晶粒花岗岩微破裂分布具有由声发射密集区和声发射空白区组成的网状构造特征，声发射密集区和声发射空白区的大小与矿物颗粒大小相当。声发射空间分布具有明显的自相似结构，粗晶粒花岗闪长岩声发射分形维数值在 2.1~2.3 之间，细晶粒花岗闪长岩声发射分形维数值为 2.7 左右。粗晶粒花岗岩声发射分布具多分形特征，其拐点为岩石平均粒度；分形维数 D 值先升后降。通过对比矿物颗粒结果发现，岩石均匀程度对其变形过程中伴随的声发射活动特征具有重要的影响。艾婷等人[170]对煤岩开展了不同围岩下的声发射定位试验，研究了煤岩破裂过程中声发射时序特征、能量释放与空间演化规律。实验发现，静水围压阶段，声发射信号主要产生于中前期，声发射源主要是裂隙的压密、摩擦与滑移，声发射源的强弱与试件本身的原生裂隙、孔隙的发育程度有关。施加轴压阶段，煤岩声发射时空演化过程与应力应变曲线形成良好的对应关系，初始损伤、屈服及破坏时，声发射特征均会出现明显突变。声发射时序参数、能量释放及定位信息结果共同分析表明，煤岩破坏前兆点的应力强度百分比为 92%~98%；同时，研究还表明煤岩破裂过程中声发射围压效应，声发射时空定位演化较好地对应了破裂事件从单一到复杂、从无序到有序的演化过程。何俊等人[171]对煤样进行了常规三轴、三轴循环加卸载作用下的声发射试验。研究发现，常规三轴压缩过程中声发射能量、累计计数和累计能量随时间变化趋势基本一致，均能较好揭示煤样内部破坏过程。在煤样循环加卸载过程间隔出现声发射，声发射能量、计数和幅值变化趋势一致，与煤样所受应力相吻合；常规三轴和循环加卸载破坏过程中声发射突变点在煤样峰值应力的 85% 左右，这一特征可以作为判定煤样破坏的前兆信息。循环加卸载过程中 Felicity 效应明显，Felicity 比值远小于 1，随着循环应力水平提高，Felicity 比值不断降低，表明循环加卸载过程中声发射记忆具有超前特征，Kaiser 效应的记忆效果较差，因此，用声发射 Kaiser 效应作为煤体稳定性指标需谨慎。

由于岩石声发射理论尚有待探索，目前，在工程实际应用中，主要是通过监测的声发射数据依靠经验进行稳定性判断，为岩石工程稳定性声发射监测、预测提供试验与理论依据。如蔡美峰和来兴平[172]应用声发射智能监测技术，对玲珑金矿井下−255m 水平的坚硬岩石复合材料支护的主运巷采空区结构失稳过程进行了实时监测；并利用固体断裂非平衡统计理论进行统计推断，分析采空区围岩断裂失稳过程中微破裂的时空演化规律以及变形与声发射之间的内在联系。同时，分析过程中考虑了不同因素对围岩破裂过程与失稳模式的影响，对于工程安全监测与评价有很大的现实意义。毛建华等人[173]介绍了岩体声波测试与声发射技术，并且通过大量现场应用研究，建立了基于声发射监测的稳定性分析及综合的预测预报体系，对矿山岩体工程等安全性监测预报作了较深入和全面的探讨。现场的施工开挖噪声对声发射监测会产生较强的干扰，马志敏和贾嘉[174]对现场岩体声发射监测现场噪声自适应数字滤波技术进行了研究，并介绍了应用自适应数字对消滤波抑制现场施工噪声的原理及系统的组成，说明了室内试验和现场实验的情况。实践表明，应用自适应数字对消滤波可有效地改进声发射仪抗现场噪声干扰的性能。李俊平和周创兵[175]在单轴压缩试验条件下，研究了四种不同岩石的声发射特征，同时分析了现场岩体的声发射特征。研究表明，低应力水平，岩石几乎没有声发射活动，当达到峰值强度80%以上，声发射活动显著增加；并将岩体破坏声发射过程分为初始、剧烈、下降、沉寂4个阶段；同时还发现部分岩石Kaiser效应不明显，岩石的声发射主频与其强度成正比，随着应力的升高，也不会平移；应用1kHz的声发射探头，能满足对现场岩体的稳定性分析和失稳预报的要求。邹银辉等人[176]分析了煤岩体中影响声发射波传播与衰减的主要因素：信号频率、传播速度、岩体结构、传播途径等，并进行了实验验证。研究发现，煤岩体中的声发射高频信号衰减较快，其频谱范围较宽，主频在1kHz左右。煤岩体内部结构是造成声发射波衰减的主要因素，煤岩体声发射可接收范围为20~30m。李夕兵和刘志祥[177]在岩石声发射试验的基础上，对现场工程岩体声发射进行了监测。基于混沌动力学，研究了岩体声发射活动规律，计算了工程岩体在变形与破坏过程中不同阶段的声发射混沌吸引子，建立了基于混沌与神经网络相结合的声发射预测模型。根据岩体声发射特征，建立了工程岩体稳定性智能辨识模型。研究表明，岩体声发射活动存在4个不同阶段：稳定期、活动初期、活动加剧期和活动反转期。岩体破坏出现在声发射活动反转期，声发射出现反常，混沌吸引子减小，破坏特征呈现。王宁等人[178]分别研究了室内声发射实验和现场岩体稳定性声发射测试参数。在综合考虑了声发射事件率、能率及相对强弱指标等多项参数后，提出了评价地下工程岩体声发射的声发射相对强弱指标。该指标综合考虑了岩体失稳过程的声发射参数，可消除声发射测试参数因工程布置和地质构造等环境因素造成的影响，有效地进行围岩稳定性评价。

在岩爆、冲击地压方面的应用，袁子清和唐礼忠[12]通过对有岩爆倾向的石英闪长岩单轴压缩破坏声发射试验，研究了声发射事件数、声发射能量、声发射事件率、声发射能率与应变、时间的关系以及声发射信号的频谱特征。试验表明，岩石经过了初始压密、弹性变形和非弹性破坏段三个阶段。初始压密阶段，岩石声发射数出现短暂的突增；弹性阶段，岩石声发射数和声发射能量呈直线增长；接近峰值强度前，应力出现跌降、稳定和再上升阶段，声发射率和声发射能率出现异常的显著增长，直至岩石破坏才出现明显下降趋势，声发射序列表现出前震—主震—余震型活动模式。声发射频谱特征方面，随着应力的增加，声发射频谱由低频向高频发展，并出现次主频现象。声发射数和声发射能量也逐渐向高频集中。李长洪等人[114]基于声发射机理，将灰色理论和突变理论相结合，建立了声发射参数的灰色尖点突变模型，进行了室内单轴压缩声发射试验，得到了岩石破坏全过程力学特征和声发射特征。利用建立的灰色尖点突变模型和试验中的声发射参数，对矿区岩爆进行预测，得到了巷道发生岩爆的声发射参数临界值。苗金丽等人[119]利用自行开发的真三轴试验系统，对三亚花岗岩进行了真三轴应力状态下的突然卸载应变岩爆声发射试验，并对声发射原始波形进行了频谱分析和时频分析。分析了岩爆试验前后样品的 SEM 微观结构照片、岩爆过程的声发射频谱特性及声发射参数 RA 值（声发射撞击上升时间/幅度）。谭云亮等人[179]从声发射与岩石材料损伤关系角度出发，论证了用声发射监测冲击地压的科学性；并基于现场实测研究，提出了冲击地压的 4 种声发射前兆模式，即"单一突跃型""波动型""指数上升型""频繁低能量前兆型"；还分析了松动爆破对防治冲击地压的效果，以指导对冲击地压进行预测预报。纪洪广等人[180]分析了煤矿开采过程中冲击地压事件的声发射与压力前兆特征。研究表明，在冲击地压发生前，冲击地压"源"处的岩体内部声发射和压力呈现出一定的相关变化规律，即表现出明显的前兆特征和相互耦合模式"升压平静—降压活跃"模式。当压力上升时，声发射进入平静期；压力下降时，声发射表现出"升压降压平静"模式，即压力上升和下降期间，声发射均处于平静期。为冲击地压事件预测提供了判别依据。

1.6　岩石声发射技术的分析、评价与展望

随着现代科技的飞速发展，声发射（AE）技术在岩土工程领域始终发挥着不可替代的重要角色作用，是岩爆、冲击地压等冲击性动力灾害监测预警的重要手段之一。

在地下工程冲击性动力灾害方面，声发射监测与微震方法是最为常用的动态监测方法，都是属于对能量释放效应（震动效应）的监测方法。美国、波兰、俄罗斯、南非等国家的一些矿山都采用了声发射法用于预测岩爆。近年来，我国

许多矿山也都使用了从波兰进口的 SAK 地音监测系统和微震监测系统。目的是通过开采过程中的动态监测和分析实现采矿工作面危险源的识别、预测和控制。对于岩石类脆性材料，由于自身的非均质特征，其受载断裂过程实际上是一个由原生裂隙到微裂隙扩展，最后出现宏观断裂的连续过程。大量的实验表明，在整个断裂过程中都伴有声发射产生，而且在不同阶段有着不同的声发射特征。在实际应用中，就是通过对材料受力过程中的声发射的检测和分析，实现对材料破坏、失稳的判别和预测。对于冲击性动力灾害的监测及预警而言，最为重要的是如何通过声发射监测信息的动态分析，建立相应的分析方法，实现潜在灾源的识别及预警。而这恰恰是目前有待解决的难题。

目前，在现有的声发射的检测与分析中，大都是根据材料破裂过程中典型信号的优势频率，选择声发射检测系统的响应频率，并采用相应优势频率的传感器或传感器组进行检测；然后，对获得的该"固定频段"声发射信号，进行分析、判断、预测。但是，由于材料内部含有许多不同性质的缺陷、裂纹，以及微观构造上的不均匀性，导致材料的破裂、失稳过程是一个复杂的演化过程。因此，对岩石这类复杂材料，如果在声发射检测中仅仅针对某一固定频段，或者说仅针对材料破坏释放声发射信号的优势频率进行声发射观测，即便将观测频带取得很宽，检测到的声发射信号可能也会漏掉真正反映材料断裂临界破坏状态的前兆性信息，尤其是作为材料破裂"前兆性征兆"的更低频或者更高频信号，而这些信号对于建立临界破坏状态的"识别模式"是至关重要的。前面所谓的"平静期"可能不是材料真正的平静，而是由于采用的观测频率不匹配，而漏掉了相应的有用信息。

1.7 主要研究内容与方法

本书通过单轴压缩、三轴压缩、单轴加卸载、三轴加卸载扰动等方式，对不同冲击倾向性的岩石进行多频段声发射（AE）试验，通过理论与试验相结合，建立"临界破坏状态"及其前后状态下力学特征与声发射多频段信号变化之间的对应关系；得到岩石材料破裂过程及临界破坏状态的多频段声发射耦合判据，从而为工程岩体失稳破坏的声发射监测及预测提供可靠依据。

本书主要介绍内容如下：

（1）分析不同因素对岩石冲击倾向性的影响，通过对不同冲击性岩石进行单轴压缩、三轴压缩、单轴加卸载、三轴加卸载的试验研究，采用多种冲击倾向性指标综合评价岩石的冲击倾向性，研究围压对岩石冲击危险性的影响，获取冲击性花岗岩损伤能量释放率与损伤变量之间的变化特征，确定冲击性花岗岩具备发生冲击危险的最低轴向应力水平。

（2）研究冲击性岩石在单轴加卸载扰动声发射试验过程中，声发射、弹性模量及变形响应比值随轴向相对应力水平变化规律，提出综合利用多因素响应比值联合预判岩体失稳破坏。

（3）研究冲击性岩石声发射的不可逆性特征。同时，运用快速傅里叶逆变换对 Kaiser 点的声发射信号进行消噪，并采用 FFT 分析消噪后信号的频谱特征，获取冲击性岩石发生主破裂前 Kaiser 点的主频特征及变化规律，为进一步反演冲击性岩石的损伤破坏机制及破坏程度提供依据。

（4）运用小波包频段分解法和 G-P 算法获取冲击性岩石 Kaiser 点信号频段能量分布特征与声发射能量关联维数，为进一步揭示冲击性岩石的损伤破坏机制提供参考依据。

（5）研究不同冲击倾向性岩石在不同受力及变形破坏阶段的声发射频率和基本参数特征及规律，进一步为岩爆、冲击地压等冲击性动力灾害源的声发射技术识别、预警提供基础依据。

（6）建立基于声发射信号频段与岩石力学特征间关系的多频段声发射信号频率识别模式，探求冲击性岩石在不同受力方式下破坏失稳及临界破坏状态的频率组合识别模式。

2 不同因素影响下岩石冲击倾向性

2.1 引言

地下工程中的岩体受到外界因素的作用，使其力学性质发生重大变化，将影响岩石的冲击倾向性，并影响了其发生冲击破坏的危险性和危险程度；同时，自身的内部因素，也会对岩石冲击倾向性和危险性造成影响。本章从不同因素角度，结合前人和作者的部分试验结果，分析不同因素对岩石冲击倾向性的影响。

2.2 水对岩石冲击倾向性的影响

水能载舟亦能覆舟，在岩石工程领域也是如此。在矿山建设、选矿生产中，水是不可或缺的重要因素。但对于岩石边坡、尾矿库等一系列稳定性和安全性工程而言，水无疑是一种致灾因素[181]。

岩石中的水，通常可以分为结合水（束缚水）和自由水（重力水）。水对岩石产生的物理化学作用主要表现在连结、润滑、水楔、孔隙压力、溶蚀和潜蚀等作用[1]。水对岩石的力学效应可分为静水压力、渗流影响。在室内试验中，国内外的研究者们通常都采用常规三轴试验进行岩石孔隙压力测试和进行不同含水率的岩石力学特性测试，研究水对岩石力学特性的影响。

2.2.1 孔隙压力

孔隙压力是由岩石中自由水产生的。有关岩石孔隙压力对岩石力学特性的影响，主要表现在岩石强度和变形特征方面。研究表明[182]，即使岩石内部尚有联结的孔隙，有效应力仍可表示为：

$$\sigma_i' = \sigma_i - P \ (i = 1, \ 2, \ 3)$$ (2-1)

用 Coulomb 准则可表示为：

$$\sigma_1 = \sigma_0 + q(\sigma_3 - P)$$ (2-2)

式中　　σ_0——单轴抗压强度；

　　　　P——孔隙压力；

　　　　q——由式（2-3）决定：

$$q = \left[(\mu^2 + 1)^{1/2} + \mu \right]^2$$ (2-3)

　　　　μ——材料内摩擦系数（$\mu = \tan\varphi$，φ 为岩石内摩擦角）。

　　Handin 对砂岩的研究结果表明，当孔隙压力增加时，岩石强度降低。Serdengecti 等人曾指出，沉积岩受到孔隙流体作用，也可产生一些与压力无关的影响。

　　受有效围压 $\sigma_3 - P$ 作用，一些材料显示出从脆性向延性变化的特征，即对于同样大小的有效围压而言，孔隙压力实际上减少了材料脆性性质。Releigh 和 Paterson 对岩石加热后发现，岩石强度的损失及行为从延性到脆性得到恢复可能是由于岩石脱水引起的。

　　Murrell 从理论上研究了孔隙压力下的拉伸破坏，基于有效应力提出断裂准则：

$$\sigma_3' = \sigma_3 - P = -T_0 \tag{2-4}$$

式中　　T_0——抗拉强度。

　　王学滨和潘一山[183]从理论上研究了围压和孔隙压力对岩石应力应变曲线的影响，当围压不变时，随着孔隙压力增加，抗压强度和弹性模量降低，相应的软化段曲线变陡；孔隙压力增加，应力峰值点并不后移。这一结果在后续的试验研究中也得到证实，如刘向君等人[184]的研究结果表明，围压固定时，随孔隙压力增加，岩石强度（三轴抗压强度）、弹性模量、体积模量、剪切模量都呈现减小趋势，泊松比整体呈上升趋势。王伟等人[185]构建了孔隙水压力的岩石统计损伤本构模型，图 2-1 所示为孔隙压力、围压与损伤变量之间的关系。

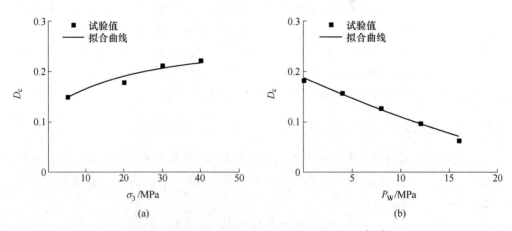

图 2-1　孔隙压力、围压与损伤变量之间的关系[185]

(a) 围压与损伤变量关系曲线；(b) 孔隙压力与损伤变量关系曲线

$$\sigma_{1t} = \left[E\varepsilon_{1t} + (1 - 2\mu)(\sigma_3 - P_W) \right] \exp\left[-\left(\frac{F}{F_0} \right)^m \right] + (2\mu - 1)(\sigma_3 - P_W)$$

$$\tag{2-5}$$

式中　　σ_{1t}，ε_{1t}——实际轴向偏应力、应变值；

　　　　E，μ——弹性模量、泊松比；

m，F_0——Weibull 分布参数；

F——岩石微元强度随机分布变量；

P_W——孔隙压力。

经试验验证，模型能较好地反映岩石强度特性随孔隙压力增加而减少的特性。围压对岩石起强化作用，孔隙压力对岩石起弱化作用。孔隙压力会诱发岩石损伤发展，孔隙压力越大，岩石强度也越低。

2.2.2 含水量（湿度）

大量研究表明[1,181,182]，含水量越大，岩石强度越低，通常用软化系数来进行描述。通过对各类岩石的统计发现[1]，岩浆岩（花岗岩、闪长岩及闪长玢岩等）的软化系数普遍最高值可达 0.97 左右，最低值也有 0.30 左右，平均软化系数 0.61～0.90；沉积岩（砾岩、石英砂岩、泥质砂岩及粉砂岩等）的软化系数最高值 0.95 左右，最低值 0.21 左右，平均软化系数 0.50～0.80；变质岩（片麻岩、云母片岩、千枚岩及石英岩等）的软化系数最高值为 0.97 左右，最低值0.39 左右，平均软化系数 0.60～0.81[186]。

文献[181，182]研究了不同含水量对岩石抗压强度的影响，并进行了烘干、饱和与风干抗压强度的对比。研究表明，大理岩饱和状态下的强度相对于风干状态强度降低了 4.00% 左右，烘干状态下的强度相对于风干状态提升了 1.00% 左右；石灰岩饱和状态下的强度相对于风干状态降低了 15.00% 左右，烘干状态强度相对于风干状态提升了 3.00% 左右；花岗岩饱和状态下的强度相对于风干状态降低了 8.00% 左右，烘干状态强度相对于风干状态提升了 7.00% 左右；一类砂岩饱和状态下的强度相对于风干状态降低了 10.00% 左右，烘干状态强度相对于风干状态提升了 1.00% 左右；二类砂岩饱和状态下的强度相对于风干状态降低了20.00% 左右，烘干状态强度相对于风干状态提升了 18.00% 左右；板岩饱和状态下的强度相对于风干状态降低了 15.00% 左右，烘干状态强度相对于风干状态提升了 6.00% 左右。经统计，饱和状态下的岩石平均强度相对于风干状态降低了12.00% 左右，烘干状态强度相对于风干状态提升了 6.00% 左右。从而说明，含水量对岩石强度的影响是非常明显的，尤其是对二类砂岩，不同含水量下的强度差异较大；同时，岩石含水量较低的岩石，有可能更容易破裂和粉碎。这也表现在发生岩爆现象时，现场大多处于干燥环境，而在较潮湿环境下，岩爆现象发生概率低[187]。

岩石的断裂韧度 K_{IC} 是衡量岩石抵抗破坏的能力，黄有爱和夏熙伦[188]对不同含水量下的岩石断裂韧度进行了研究。研究表明，岩石的断裂韧度随烘干温度升高而降低，随岩石的湿度增加而上升，同时岩石纵波速度也表现出相同的规律。

陈岩[189]进行了岩石浸水前后的冲击倾向性试验研究。他主要采用冲击能量指数（K_E）、动态破坏时间（DT）、BIM 及屈服度（D_q）等几个指标对四类岩石进行了冲击倾向性评价。其中，BIM（brittle index modified value，由 M. Aubertin 等人[190]提出）是将加卸载转换应力点确定为应力应变曲线的峰值点，将卸载曲线简化为以弹性模量 E_{50} 为斜率并通过峰值点的直线，也称为改进脆性系数法。相对于弹性能指数，BIM 更容易获得；屈服度（D_q）定义为屈服量 σ_q 和理想应力强度 σ_c 之间的比值，表达式为：

$$D_q = \frac{\sigma_q}{\sigma_c} \times 100\% \tag{2-6}$$

式中，D_q 的取值为 [0，1]。说明屈服强度小的岩石，冲击倾向性增大，发生岩爆、冲击地压的可能性增高。

岩石浸水后，岩石的各向力学特性指标均有明显变化。其中，强度方面，花岗岩浸水后平均单轴抗压强度降低了 7.21%；灰岩浸水后平均单轴抗压强度降低了 1.79%；砂岩浸水后平均单轴抗压强度降低了 21.55%；大理岩浸水后平均单轴抗压强度降低了 1.93%。弹性模量方面，花岗岩浸水后平均弹性模量降低了 24.20%；灰岩浸水后平均弹性模量降低了 6.31%；砂岩浸水后平均弹性模量降低了 16.72%；大理岩浸水后平均弹性模量升高了 5.69%。除大理岩弹性模量升高，其余均在浸水后降低。整体规律与前人的试验规律是一致的。

通过上述各向指标评价了岩石浸水前后的冲击倾向性：

（1）浸水前，花岗岩 BIM 平均为 1.139，冲击能量指数（K_E）平均为 4.273，屈服度（D_q）平均为 2.418，动态破坏时间（DT）平均为 1841ms。浸水后花岗岩 BIM 平均降低了 2.02%，冲击能量指数（K_E）平均降低了 10.06%，屈服度（D_q）平均升高了 90.53%，动态破坏时间（DT）平均升高了 602.00%。综合指标表明花岗岩浸水后冲击倾向性降低，但仍具有冲击倾向性。

（2）浸水前，灰岩 BIM 平均为 1.123，冲击能量指数（K_E）平均为 8.433，屈服度（D_q）平均为 3.206，动态破坏时间（DT）平均为 2753ms。浸水后 BIM 平均升高了 1.96%，冲击能量指数（K_E）平均降低了 30.19%，屈服度（D_q）平均升高了 16.16%，动态破坏时间（DT）平均升高了 23.39%。综合指标表明灰岩浸水后冲击倾向性降低，但仍具有冲击倾向性。

（3）浸水前，砂岩 BIM 平均为 1.223，冲击能量指数（K_E）平均为 3.201，屈服度（D_q）平均为 6.038，动态破坏时间（DT）平均为 47804ms，浸水后 BIM 平均降低了 0.57%，冲击能量指数（K_E）平均升高了 423.21%，屈服度（D_q）平均降低了 17.31%，动态破坏时间（DT）平均降低了 53.18%。综合指标表明砂岩浸水后冲击倾向性有所升高，具有冲击倾向性。

（4）浸水前，大理岩 BIM 平均为 1.503，冲击能量指数（K_E）平均为

0.5821，屈服度（D_q）平均为 16.39，动态破坏时间（DT）平均为 135000ms。浸水后 BIM 平均升高了 2.20%，冲击能量指数（K_E）平均降低了 18.69%，屈服度（D_q）平均升高了 16.11%，动态破坏时间（DT）平均升高了 7.16%。综合指标表明大理岩浸水后冲击倾向性降低。

综合研究表明，水会降低岩石的冲击倾向性。在实际工程应用中，煤层注水、水压致裂法等方法也常常被用于冲击地压的防治[191,192]。

2.3 加载速率对岩石冲击倾向性的影响

地震、凿岩、爆破、破碎等一系列工程与灾害，几乎都是由于岩石在一定的加载速率下才发生的。固体力学对加载速率的定义，是指外载荷 σ 随时间的变化率，也可表示为 $d\sigma/dt$。断裂力学中，通常又会用应力强度因子 K 对时间的变化率（dK/dt）表示。描述不同加载速率时，通常又用应变（变形）速率（ε，1/s）或位移速率（Δ，mm/s）表示。目前，对于动、静荷载的划分，至今尚无严格、统一的规定。根据一般的分类方法，可以按应变率、特征时间、应力强度因子率大致分为表 2-1 和表 2-2 所示的几种荷载状态。

表 2-1 按应变率、特征时间对不同类型试验的分类[181,193,194]

类型	蠕变	准静态	动态及冲击	超速冲击
应变率 ε /s^{-1}	$10^{-8} \sim 10^{-5}$	$10^{-5} \sim 10^{-1}$	$10^{-1} \sim 10^4$	$>10^4$
特征时间/s	$10^6 \sim 10^3$	$10^3 \sim 10^{-1}$	$10^{-1} \sim 10^{-6}$	$<10^{-6}$

表 2-2 以应力强度因子率对试验进行分类[181,193]

类型	准静态	动态	应力波加载
应力强度因子 K /MPa·m$^{1/2}$·s^{-1}	$1 \sim 10^3$	$10^4 \sim 10^5$	$10^6 \sim 10^9$
试验方式	材料试验机	落锤，摆锤机	气炮，爆炸

大多数岩石在准静态、动载试验条件下，均能表现出相似的变形特征（应力应变曲线），而表现出的差异在于不同应变率条件下，岩石不同阶段的历时"长短"问题，在应变率较高的条件下，岩石的初始压密阶段不明显，且屈服阶段要更长。一般来说，静载试验条件下，岩石的弹性模量要小于动载弹性模量，而静载泊松比要大于动载泊松比。冲击荷载下和准静态加载下，岩石强度都随加载速率的增加而增加[181]。

Blanton[195]较全面地总结了岩石单轴抗压强度随应变率变化关系，如图 2-2 所示。研究表明，在较低应变率下，岩石单轴抗压强度随应变率增加不明显。但随着应变率增加至 $10^{-4} \sim 10^3$s^{-1} 范围内时，几乎所有的岩石单轴抗压强度随着应变率增加而表现出快速稳定增长趋势。这与大部分研究者试验结果是一致

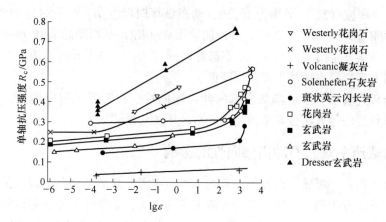

图 2-2　岩石单轴抗压强度随应变率变化[181,195]

的[196]。同时，Blanton 还进行了有围压条件下的应变率为 $10^{-2} \sim 10 \text{s}^{-1}$ 的测试，研究表明，围压条件下，强度随应变率增加变化不明显。

尹小涛等人[197]研究不同加载速率下岩石力学的特性时发现，在高应变速率下，岩石材料性能其实表现出伪增强，岩石更破碎，能量损失增大，因此，也更容易发生岩爆现象。

图 2-3 所示为文献［198］和作者的部分试验结果，从图中可以看出，对于岩石（顶板岩石）试件，随着加载速率的增加，其强度也在增加；而对于同一组煤样，随着加载速率的增加，其强度是先增加后减小的。

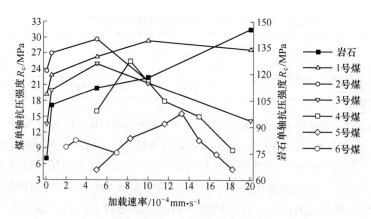

图 2-3　煤-岩单轴抗压强度随应变率的变化[198]

煤岩内部都含有裂隙，在一定范围内，加载速率增加时，内部裂隙弱化作用被逐渐降低，故而出现强度增加现象，这同时也要求裂隙周围的介质足够支撑这一作用力。对于岩石内部，有足够支撑该力的能力，而对于煤样，则无法支撑过多的外力，导致过早破裂，出现较高应变率下强度下降的趋势[198]。

由此不禁提出一个疑问，在冲击荷载下，煤的力学特性会是怎样的？李明等人[199]研究了冲击荷载下，煤力学特性随应变率变化特征，图2-4所示为冲击荷载作用下煤的压缩强度随应变率变化图。研究表明，与一般岩石类似，冲击荷载下煤与静态加载下煤的应力应变曲线有着同样的压密、弹性等不同阶段，强度、弹性模量等都随应变率增加而增加。在冲击动力荷载下，因为加载速度足够快，以至于煤内部的裂隙均来不及反应就在高应变率下迅速被闭合压实，表现出与一般岩石类似的特征，加载速率越高，强度也就越高，其压密阶段也越不明显。冲击荷载作用下，随着加载速率的升高，煤样的破坏程度也逐渐提高，煤样越来越破碎，说明其发生冲击危险性的可能性也就越大。

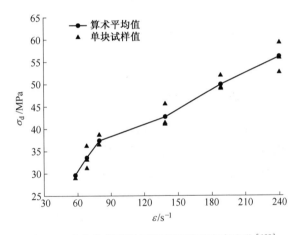

图 2-4 冲击荷载下煤压缩强度随应变率变化[199]

一般岩石随加载速率升高时，其发生岩爆、冲击的可能性会增加，即其冲击倾向性增加，且其强度也逐渐增加，如果此时用强度的升高来判别岩石的冲击倾向性，也是成立的。但煤在静载试验中，存在着强度随加载速率减小的变化特点，那此时是否意味着强度降低，煤样冲击倾向性也降低呢？

冲击能量指数是反映煤岩是否具有冲击倾向性的重要指标。通过前面的分析，列出了两组代表型煤样在静载试验条件下的冲击能量指数、单轴抗压强度随加载速率变化的规律，如图2-5所示。从图中可以明显观察到，两组煤样的冲击能量指数变化规律，基本上和其抗压强度变化规律是一致的，也就说明利用强度准则判别冲击倾向性的方法在煤样中也是同样适用的。因此，静载试验下，加载速率的升高，不能单纯地认为岩石的冲击倾向性升高，还应该结合强度等其他准则进行联合判别。

在岩石断裂韧度方面，吴绵拔等人[200~202]对不同类型的岩石进行了研究，研究结果表明，随着加载率的增加，岩石的断裂韧度是逐渐增加的。

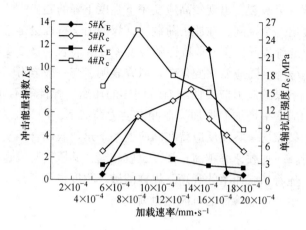

图 2-5　静载试验条件下煤的冲击能量指数、单轴抗压强度随
加载速率的变化规律[198]

2.4　温度对岩石冲击倾向性的影响

　　世界上几乎所有的材料成形、损伤、破裂等都离不开温度这一因素。岩石是自然界中天然形成的材料，岩石的形成与温度密不可分，如火成岩就是高温作用的产物，而变质岩在形成过程中也与温度有着密切关系，似乎沉积岩的形成与温度的关系不大，但实际上沉积岩的组成部分均是前两种岩石的碎屑。

　　温度对岩石强度等特性的影响可分为两种：加热和低温（冰点以下）。

　　与常温相比，岩石在加热条件下强度会发生很大变化，这是由于加热直接破坏了岩石内部的结构特征。测试加热后岩石强度变化的方法有两种：一种是加热后直接测试其强度；另一种是待岩石冷却后，再测试其强度。

　　林睦曾[203]对各种类型的岩石加热后的强度变化进行了研究，得到花岗岩、石灰岩类结晶质的岩石，随着温度的升高，抗拉强度和抗压强度下降，且抗拉强度下降更为明显；低于 600℃左右时，砂岩抗压强度与抗拉强度均变化不大，高于 600~800℃左右时，有较大下降；凝灰岩、安山岩等岩石强度提高。综合研究表明，加热和加热冷却两种强度结果不同，加热比加热冷却条件下的岩石强度变化（增加或减少）幅度大，说明加热后的冷却会使岩石在一定程度上得到"恢复"。

　　Y. Inada 和 K. Yokota[204]研究了低温条件下干燥和潮湿的花岗岩、安山岩的力学特性。结果表明，岩石抗压强度与抗拉强度随温度的降低而增加，对于同一低温下干燥试样的抗压强度比潮湿试样抗压强度大，而干燥试样的抗拉强度比潮湿试样抗拉强度小。

　　关于温度对岩石弹性模量的影响方面，林睦曾[203]和 Y. Inada、K. Yokota[204]
的研究表明，当温度低于300℃左右时，花岗岩、安山岩、石英岩等岩石的弹性
模量随温度升高而减小；而温度高于300℃左右时，弹性模量数值变化不明显。
凝灰岩等岩石随着温度的升高，弹性模量几乎都保持不变；低温条件下，干燥和
潮湿的花岗岩、安山岩的弹性模量都表现出了随温度下降而增加的趋势。

　　岩石的线膨胀系数是指每升高1℃时，岩石在长度方向上引起的应变量。线
膨胀系数关系到岩石热变形和热应力，直接影响岩体工程的稳定与安全。在一维
条件下，热应力与温度成正比例关系，也就是说线膨胀系数越大，热应力也越
大，温度由 T_1 到 T_2 变化时，其关系可表示为：

$$\sigma_H = KE\alpha(T_1 - T_2) \tag{2-7}$$

式中　　σ_H——热应力；

　　　　K——无因次常数；

　　　　E——杨氏模量；

　　　　α——线膨胀系数，$℃^{-1}$。

　　温度对岩石断裂韧度的影响比较明显，寇绍全[205]和张宗贤[181]的研究表
明，岩石断裂韧度随温度升高而降低。

　　张志镇等人[206]对花岗岩试件进行了温度影响下的冲击倾向性分析，分别对
实时高温环境下和高温冷却后的岩样进行了单轴压缩强度测试，研究得到花岗岩
在实时高温环境下强度逐渐下降，且比高温冷却后的强度下降幅度明显。这也与
前人的研究结果[181,203,204]是一致的。他采用了 5 种不同冲击倾向性指数进行分
析，包括弹性能量指数（W_{ET}）、冲击能量指数（K_E）、有效冲击能量指数
（η_E）、剩余能量指数（W_R）及刚度比（K_{CF}）。如图 2-6 所示为实时高温和高温
冷却后花岗岩冲击倾向性指数随温度的变化规律。

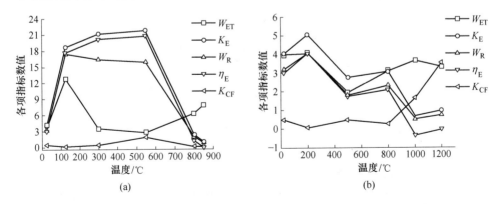

图 2-6　不同加热条件下花岗岩冲击倾向性指数随温度的变化规律[206]

（a）实时高温；（b）高温冷却后

研究结果表明，在实时高温下，花岗岩冲击倾向性随温度的升高出现升高后下降的趋势，且高温冷却后花岗岩冲击倾向性整体下降。

2.5　尺寸对岩石冲击倾向性的影响

岩石不同尺寸大小对其强度的影响看法各异，有人认为尺寸越大，其强度越高，也有人持不同意见[207]。

L. Obert 等人[208]通过研究长方体煤样试件，建立了强度与尺寸之间的关系表达式：

$$\sigma_0 = \sigma_{01}[0.778 + 0.222(L/D)^{-1}] \tag{2-8}$$

式中　　σ_0——任意高径比岩石试样抗压强度；

σ_{01}——高径比为 1 时的岩石试样抗压强度；

L——岩石试样高度（长度）；

D——岩石试样直径（圆柱形）或边长（长方体）。

耶格 J. C. 和库克 N. G. W.[209]在大量试验的基础上，建立了强度与尺寸之间的一套公式：

$$\sigma_m = kV^{-1/m} \tag{2-9}$$

式中　　V——岩石试样的体积；

k, m——与岩石性质有关的常数。

从式（2-9）可以看出，当岩石试样体积 V 趋近于 0 或无穷大时，该理论值将与实际情况不符。

刘宝琛[210]在总结国内外试验的基础上，提出了用指数形式表达二者之间的关系：

$$\sigma_0 = \gamma_0 + \alpha_0 \exp(-\beta_0 D) \tag{2-10}$$

式中　　D——岩石试样的直径（圆柱形）或边长（长方体）；

$\alpha_0, \beta_0, \gamma_0$——与岩石性质有关的常数。

杨圣奇[211]在总结上述研究结果（式（2-9）和式（2-10））的基础上，通过试验，重新建立了岩石尺寸效应理论模型：

$$F_0 = F_2 e^{a + \frac{b}{L/D}} \tag{2-11}$$

式中　　F_0——任意高径比岩石力学参数；

F_2——标准试样岩石力学参数；

L/D——岩石试样的高径比；

a, b——与岩石性质有关的常数。

通过式（2-11）得到了强度、峰值应变、弹性模量等参数与尺寸之间的关系。研究结果表明，强度和峰值应变参数都随岩石尺寸增加而逐渐衰减，弹性模量则逐渐增加。

陈岩[189]在对不同冲击倾向性岩石尺寸效应的研究中，采用三种不同的拟合公式，所得规律与式（2-11）是一致的。研究表明，岩石强度与峰值应变随高径比增加出现衰减趋势。高径比小于 2 时，岩石强度与峰值应变衰减较快；高径比大于 2 时，二者衰减慢并趋于平缓。弹性模量与强度、峰值应变的规律相反，随着高径比增加而逐渐增加。

通过采用 BIM、冲击能量指数（K_E）、屈服度（D_q）等几种冲击倾向性指标，分析岩石冲击倾向性与尺寸之间的关系。研究表明，随着高径比的增加，花岗岩和砂岩的 BIM 值均呈指数衰减趋势，砂岩 BIM 值整体要大于花岗岩。其中，对于砂岩，高径比小于 1.2 左右时，BIM 值还处于较高水平；随着高径比的增加，BIM 值迅速衰减；高径比大于 1.2 左右时，BIM 值变化较平缓。对于花岗岩，随着高径比的增加，BIM 值衰减缓慢；当高径比逐渐接近 1.6 左右时，BIM 值变化趋于平缓。

冲击能量指数（K_E）方面，随着高径比的增加，该指标数值逐渐增加。对于花岗岩，当高径比小于 0.6 左右时，冲击能量指数（K_E）平均值还小于 1.5，表现出无冲击倾向性；高径比接近 1.8 左右时，冲击能量指数（K_E）平均值逐渐接近 5 左右，处于弱冲击倾向性到强冲击倾向性的过渡阶段；当高径比大于 1.8 左右时，冲击能量指数（K_E）平均值整体大于 5，表现出强烈的冲击倾向性。对于砂岩而言，高径比小于 1.8 左右时，冲击能量指数（K_E）平均值还小于 5，表现出弱冲击倾向性；当高径比大于 2.4 左右时，冲击能量指数（K_E）平均值才接近 5 左右，表现出强冲击倾向性。

屈服度（D_q）方面，两种岩石的整体规律均随高径比增加而减小。当高径比小于 1.2 左右时，花岗岩屈服度（D_q）数值大于 7 以上；高径比大于 1.2 左右时，屈服度（D_q）平均数值才逐渐向 1 接近，且当高径比大于 2.4 左右时，出现了小于 1 的数值，表现出强冲击倾向性。对于砂岩，屈服度（D_q）整体数值要大于花岗岩，高径比小于 1.2 时，该指标数值还一直处于较高水平；高径比大于 1.8 左右时，屈服度（D_q）整体数值向 1 靠近，但整体变化缓慢，相对于花岗岩，表现出较弱的冲击倾向性。

综合分析表明，随着高径比的增加，岩石冲击倾向性增强。实际采矿活动中，矿柱、岩柱、煤柱尺寸的改变，往往对于岩爆、冲击地压的防治有着一定的作用[212,213]。

2.6　岩石自身结构对岩石冲击倾向性的影响

在岩爆、冲击地压的研究历史中，很早就有学者对发生岩爆、冲击地压的岩石进行了细观分析，但对岩石进行微观方面的研究一直进展缓慢，很大一部分的原因是由于受到相关电子设备发展的影响。随着扫描电镜等仪器的更新换代和逐渐普及，研究者们开始对岩石细观方面进行更深入的研究。

早在 19 世纪 70 年代，人们主要把研究重点放在对岩石受力破坏过程的微破裂进行研究，我国学者谭以安[58]较早运用扫描电镜研究了发生岩爆的岩石断面。他分别对岩石力学试验和隧洞岩块、岩片进行了分析，首先对室内岩石力学试验中的三种断口：张裂型、剪切型及张剪复合型进行分析。其中，张裂断口分为沿晶体拉花、穿晶体拉花及台阶状拉花；剪切型断口可分为沿着晶体表明擦花、切晶体擦花、擦阶花样及整平断口花样；张剪复合型断口形貌特征则介于上述两种断口之间，构成复合型形貌。隧洞岩块、岩片类型可分为劈裂剥落型岩块和岩爆岩壁劈面、弹射性岩块（片）型断口。根据上述三大类型的断口，综合观察资料可将岩爆划分为三个阶段：劈裂成板、剪切成板、块（片）弹射。研究表明，对于发生非常轻微的岩爆，断口主要表现为脆性破坏，更强烈一些的岩爆的断口则具有剪、张和剪张联合的力学特征。这与冯涛[214]和秦乃兵[215]的研究结果"岩爆断裂的微观机制主要是在拉伸并兼有剪切作用下岩石的低应力脆性断裂"是一致的。而对冬瓜山铜矿[216]和秦岭隧道的岩爆特征的分析[217]也证实了这一现象。

赵康等人[218]利用 SEM 研究了平顶山岩爆岩石断裂的微观结构形貌，发现岩石的断口一般有拉张型和剪切型，而岩石的脆性断裂导致劈裂纹的产生。通过综合分析岩石的化学元素及其组成成分后得出，对于矿物成分较多、胶结物较多等结晶程度较低的岩石，其弹性模量要更小，在受到外力作用时，发生的变形也较大，且岩石自身的塑性变形耗散的能量也大、强度也更低，发生脆性破坏的能力也较低。因此，同等外力因素的情况下，那些结晶程度较高、结构较致密的硬脆性岩石，更易发生岩爆现象。

选取两种不同冲击倾向性的花岗岩和细砂岩进行微观结构的电镜扫描分析，扫描结果如图 2-7、图 2-8 所示。研究结果表明，具有较强冲击倾向性的花岗岩，

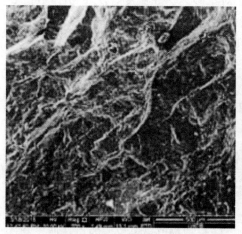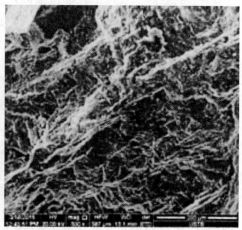

图 2-7　花岗岩电镜扫描面

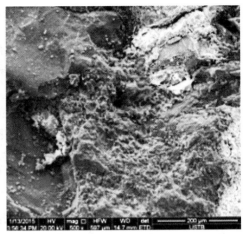

图 2-8　细砂岩电镜扫描面

岩样非常致密，晶体之间连接紧密，岩石较完整；而冲击倾向性较弱的细砂岩，岩样致密，但大颗粒含量较多，颗粒之间存在粒缘缝。

黄润秋和王贤能[219]从岩石颗粒排列、连接对岩爆烈度的影响角度，基于断裂力学理论分析了岩石微裂隙的扩展规律和对岩爆烈度影响的规律。他们总结了国内外发生了岩爆的 20 个工程实例，通过岩性归类发现在三大类岩性中均有岩爆现象发生，但不同的岩性发生的岩爆模式不一样。其中，对于深成岩浆岩、片理片麻理不发育类型的变质岩，其岩块、岩片的弹射能力较强，因此发生岩爆过程中常常伴有巨大声响；而对于沉积岩、片理片麻理发育类型的变质岩，其岩块、岩片主要呈现劈裂或剥落的形式，同时也发出声响，但发出的声音要相对较沉闷。

从颗粒排列方向看，具有定向排列的片麻岩、花岗片麻岩、角闪片麻岩等岩石容易产生应力集中，因此在其方向上，岩石内部微裂纹更易扩展或产生沿粒间的滑动。由于岩石集聚的弹性应变能少，发生岩爆时，岩石多呈沿颗粒方向劈裂或剥落，不易产生弹射现象。从颗粒连接来看，胶结连接类型的岩石强度要低于结晶连接类型，更易破坏。受外力作用时，相对于胶结连接型的岩石，具有结晶连接型的岩石容易集聚大量弹性应变能并转化成弹射能，容易出现岩块、岩片弹射。此外，与钙质胶结的岩石相比，硅质胶结的岩石发生岩爆的规模大。

赵毅鑫等人[220]利用 X 射线衍射、光学电子显微镜等对不同冲击倾向性煤层煤体的细观结构特征进行了研究。结果表明，显微硬度、脆度大的煤更容易发生冲击，显微组分分布越复杂、原生损伤越大的煤，冲击倾向性越大；反之，则越小。镜质组最大与最小反射率之差越大，煤体冲击倾向性越大。

2.7　强度对岩石冲击倾向性的影响

强度是材料最重要的一个力学性能指标，是材料的固有属性。由固体强度理论可知，当材料受力超过一定限度后大多数都会破坏。强度是直接反应材料抵抗破坏能力的指标。

根据不同的受力条件，通常岩石的强度可以分为抗压、抗拉、抗剪、单轴、双轴及三轴强度等。在岩爆、冲击地压中通常讨论的强度主要是指岩石单轴抗压强度。

在岩爆、冲击地压发生机理中，除了传统的"三高"（高地应力、高弹性能、高埋深）机理之外，完整硬脆性岩石被公认为是岩爆、冲击地压发生的必要条件。这里所说的"硬"，实际上就是指强度高（单轴抗压强度），这一点也早在加拿大学者 S. P. 辛[221] 的研究中有明确定论。我国学者陶振宇[55] 曾对发生岩爆的岩石进行过具体的分析，新鲜完整、质地坚硬，没有或很少有裂隙存在，一般单轴抗压强度不小于 150~200MPa 的火成岩或不小于 60~100MPa 的沉积岩极易发生岩爆。现如今，金属矿山中绝大多数岩爆只发生于硬岩中，这一观点已被普遍公认。据国内外文献报道，具备冲击性能的岩（矿）石有花岗岩、矽卡岩、闪长岩、石英闪长岩、花岗闪长岩、斑岩、正长岩、灰岩、白云岩、砂岩、粉砂岩、沉积石英岩、石英质砾岩、大理岩、角闪片岩、花岗片麻岩、片麻岩、变质石英岩以及煤矿、铁矿、钾盐矿、金矿和铜矿等[222]。

相对而言，硬脆性岩石一般多为高弹性岩体，并以花岗岩、矽卡岩、片麻岩、石英岩、硅质石灰岩、硅质白云岩、坚硬砂岩、玻璃质火山喷出岩等居多。郭然和于润沧[223] 认为火成岩和变质岩更容易发生岩爆。对于那些发生岩爆的沉积岩，高强度也仍然是发生岩爆的必要条件。如徐林生等人[224] 的研究表明，发生岩爆的砂质泥岩，其单轴抗压强度超过 60MPa，而并非传统的软岩，说明岩石强度高是发生岩爆的必要条件。研究表明当岩石强度非常高而地应力较小的时候不会发生岩爆。

一般认为，岩体强度与其完整性有关。姚宝魁和张承娟[54] 的研究指出，岩爆的发生需要具备一定的应力条件和岩体结构、性质，弹性应变能的大量突然释放是岩爆的本质，而岩体的断裂破坏是岩爆的发生机制，故具整体块状结构及厚层状结构的硬脆性岩体在适当的应力条件下才会产生显著的岩爆[54]。RQD 是反映岩体完整性的重要指标，彭振斌等人[225] 认为岩体的 RQD 值大于 60%，岩体完整、干燥、坚硬，强度大于 60MPa，W_{ET} 大于等于 3，最大主应力与单轴抗压强度比值大于等于 2 时，会发生岩爆。

煤矿开采中，冲击地压也一般多发生在质地较为脆硬的煤岩体中[57]。齐庆新等人[129] 系统研究了煤的动态破坏时间、弹性能量指数和冲击能量指数与单轴抗压强度关系，如图 2-9 所示。研究指出，强冲击性煤的单轴抗压强度在 13~36MPa；而具有中等冲击倾向性的煤，单轴抗压强度一般为 7~21MPa；而对于没有冲击倾向性煤层的煤，其单轴抗压强度通常要小于 7MPa。

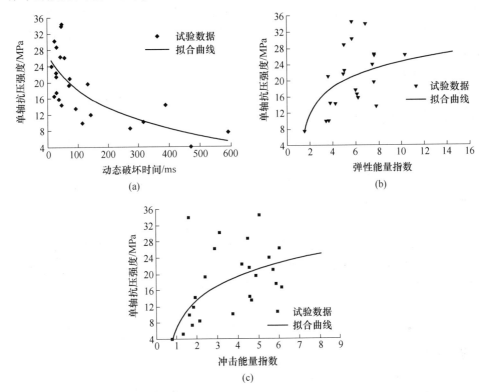

图 2-9　煤的动态破坏时间、弹性能量指数和冲击能量指数与单轴抗压强度关系[129]
（a）动态破坏时间与单轴抗压强度关系；（b）弹性能量指数与单轴抗压强度关系；
（c）冲击能量指数与单轴抗压强度关系

从图 2-9 中也可以看出，煤的单轴抗压强度与弹性能量指数和冲击能量指数成正比关系，单轴抗压强度与动态破坏时间成反比关系。说明在煤矿中，用单轴抗压强度作为冲击倾向性指标也是可行的。在金属矿山中，脆性系数通常被作为评价岩石冲击倾向性的重要判据方法。一般认为，当 $K_B < 10$ 时，无冲击倾向性；当 $K_B = 10~14$ 时，弱冲击倾向性；当 $K_B = 14~18$ 时，中等冲击倾向性；当 $K_B > 18$ 时，强冲击倾向性。很显然，该判据在煤矿中对煤的冲击倾向性评价时不太适用。

2.8　本章小结

煤岩体具有冲击倾向性，是评价和预测岩爆、冲击地压发生的一个必要条件。本章对影响岩石冲击倾向性的多种因素进行了归纳和分析，包括水、加载速率、温度、尺寸、岩石自身结构和强度等方面。

（1）孔隙压力会诱发煤岩损伤发展，孔隙压力越大，煤岩强度越低，因此冲击倾向性越小；煤岩浸水后冲击倾向性降低，含水量越高岩石的冲击倾向性越小。在实际工程应用中，煤层注水、水压致裂法等方法常常被用于防治冲击地压。

（2）对于一般岩石而言，加载速率越大，岩石强度越高，岩石的冲击倾向性越大；而对于煤而言，在静态加载范围，岩石强度随加载速率的增加，表现出先增加后减小的变化趋势，煤的冲击倾向性与强度呈正相关，冲击倾向性先增大后减小。在冲击荷载作用下，煤的强度随加载速率增加而升高，冲击倾向性增加。

（3）实时高温下，岩石冲击倾向性随温度的升高出现先升高后下降的趋势，而高温冷却后岩石冲击倾向性整体下降。

（4）随着高径比的增加，煤岩冲击倾向性增强。实际采矿活动中，矿柱、岩柱、煤柱尺寸的改变，往往对于岩爆、冲击地压的防治有着一定的作用。

（5）对于较强冲击倾向性的岩石，岩样晶体之间连接紧密，岩石较完整；而对于冲击倾向性较弱的岩石，岩样中含有大量的大颗粒，颗粒之间存在粒缘缝。

显微硬度、脆度大的煤更容易发生冲击，显微组分分布越复杂、原生损伤越大的煤，冲击倾向性越大；反之，则越小。镜质组最大与最小反射率之差越大，煤体冲击倾向性越大。

从颗粒排列方向看，具有定向排列的岩石容易产生应力集中，发生岩爆时，岩石多呈沿颗粒方向劈裂或剥落，不易产生弹射现象。从颗粒连接来看，胶结连接类型的岩石强度要低于结晶连接类型，更易破坏。相对于胶结连接型的岩石，具有结晶连接型岩石容易集聚大量弹性应变能并转化成弹射能，容易出现岩块、岩片弹射。此外，与钙质胶结的岩石相比，硅质胶结的岩石发生岩爆的规模大。

（6）煤岩的强度越高，冲击倾向性越大。

3 基于应力状态演化的岩石 冲击危险性分析

3.1 引言

对于地下工程岩体而言，未经受开挖扰动作用前，在自重应力和构造应力的双重作用下尚处于"静止"状态。地应力场直接给岩体传输能量，岩体在开挖扰动作用下，出现有效临空面后，岩体内部储存的弹性能就会进行释放，继而发生破坏。对于高强度、高弹性的岩体，其存储弹性能的能力也要高于一般岩体，如果其内部存储的能量足够高，严重的时候会发生岩爆、冲击地压等冲击性动力灾害。具有冲击倾向性的岩体在不同应力状态下，其发生冲击破坏的可能性和危险程度也是不一样的。本章通过岩石力学基础试验，先对岩石的冲击倾向性进行综合评价，进而对不同冲击性岩石在不同应力状态下的冲击危险性进行分析，从而为工程岩体的灾变监测预测提供依据。

3.2 岩石冲击危险性

岩石的冲击倾向性是揭示岩石存储弹性能量的能力和破坏行为的重要指标。倘若岩石在某一应力状态下具有发生冲击的可能性，那么对于具有冲击倾向性的岩石，在某一应力水平时也就具有相应的冲击危险性，对应的势函数也可用岩石本构参数、空间、时间和应力状态来表示，即：

$$M = F(K, X, \sigma, T) \tag{3-1}$$

相应地，由岩石本构参数、空间、时间和应力状态引起的冲击危险性可表示为：

$$\left.\begin{aligned}
\text{本构参数} &\Rightarrow m_1 = \frac{\partial F}{\partial K}\\[6pt]
\text{空间} &\Rightarrow m_2 = \frac{\partial F}{\partial X}\\[6pt]
\text{时间} &\Rightarrow m_3 = \frac{\partial F}{\partial T}\\[6pt]
\text{应力状态} &\Rightarrow m_4 = \frac{\partial F}{\partial \sigma}
\end{aligned}\right\} \tag{3-2}$$

地下工程的岩体,在未受到开挖扰动之前处于三向受力状态,受围压的作用,岩体的力学特性与单向受力时不尽相同。当受到开挖扰动后,岩体将从一个状态向另一个状态转变,这其实就是岩体内部的能量发生变化。对于同一岩体,在三向受力下发生的冲击危险性程度和单向受力下发生的冲击危险性程度是不一样的;受到开挖扰动作用的岩体,其内部出现损伤,在这种情况下,岩体发生的冲击危险性程度和单向、三向受力下的情况也是不一样的。对此,文献 [226,227] 给出了岩石发生冲击危险性的应力指标判据公式:

$$W_\sigma = \cfrac{\sigma_1 - \sigma_3}{\cfrac{\xi[\sigma_3(\sqrt{\tan^2\varphi + 1} + \tan\varphi) + 2c]}{\sqrt{\tan^2\varphi + 1} - \tan\varphi} - \sigma_3} \tag{3-3}$$

式中 σ_1——岩石所受的最大主应力;

σ_3——岩石所受的最小主应力;

c ——岩石的内聚力;

φ ——岩石的内摩擦角;

ξ ——σ_{max} 系数($\sigma_{max}/\sigma_{理论max}$)。

式 (3-3) 从不同角度阐释了岩石在不同应力状态下冲击危险性。对于单向受力条件下,则有 $\sigma_3 = 0$,相应地有:

$$W_\sigma = \frac{\sigma_1}{\sigma_{1max}} \tag{3-4}$$

从式 (3-4) 可以看出,当 W_σ 数值越接近 1,即 σ_1 越大,岩石发生冲击危险的可能性及危险程度也就越大。

正如前文所述,同一岩石在不同应力状态下,其发生的冲击危险性是不同的,文献 [145] 对此还提出了采用弹塑性储能指标、有效冲击能量指标、应力水平变化敏感系数、围压影响系数等。其中,岩石弹塑性储能指标是指岩石内部的弹性变形能和塑性变形能,对于不同应力水平的岩石,二者的能量占比是不一样的,弹性变形能量的增加直接导致岩石发生冲击危险性的升高;有效冲击能量指标主要是指岩石内部的弹性变形能量,这部分能量可以被释放,也是发生冲击破坏时的主要能量;围压影响系数主要是指受围压的影响下,岩石的力学特性发生重要变化,相对于单向受力状态,围压会使岩石内部的能量增加,岩石破坏所释放的能量增大,同时围压越大,也会限制其变形破坏,岩石发生冲击危险性程度也可能越低。由此说明,岩石的冲击危险性不单单是一个简单的“静态”材料参数,应与其所处的应力状态密切相关,而研究围压作用下和不同应力水平下的岩石冲击危险性变化具有重要的实际意义。

3.3 试验力学系统

3.3.1 WES-2000 型数显式液压万能试验机

WES-2000 型数显式液压万能试验机为下置式液压万能试验机，可用于水泥、混凝土、岩石等材料的拉伸、压缩、弯曲、剪切等试验。WES-2000 型数显式液压万能试验机采用传感器测力，液晶显示屏显示力值，可直接读取压力数据，精度高，如图 3-1 所示。

WES-2000 型试验机采用手动控制：

（1）在操作控制面板上进行试验参数设定。

（2）选择试验所需量程。

（3）清零所有变形和负荷。

（4）关闭回油阀，缓慢打开送油阀至指定位置，再清零。

（5）继续加大送油阀，直到试样破坏，再关闭送油阀，打开回油阀。

测定煤岩动态破坏时间时，需使用该试验机。

3.3.2 GAW-2000 型单轴液压伺服机

GAW-2000 型单轴液压伺服机采用全程计算机控制，可实现自动数据采集和处理；机架采用实心刚架，储存的弹性能小；伺服阀为 290MHz，反应敏捷，精度高；配套引伸计可满足于高温 200℃ 环境中；可实现长时间的载荷、变形、位移等伺服控制，也可实现相互切换控制方式，如图 3-2 所示。

图 3-1　WES-2000 型数显式液压万能试验机　　图 3-2　GAW-2000 型单轴液压伺服机

GAW-2000 型试验机主要参数如下:

(1) 试验机刚度:10GN/m 以上。

(2) 轴向载荷测控范围:40~2000kN,载荷测量分辨率为 20N,载荷测量精度为±1%。

(3) 变形测控范围:轴向 0~5mm,径向 0~3mm,变形测量分辨率为 0.0001mm,变形测量精度为±1%,变形速度控制范围 0.006~50mm/min。

(4) 位移测控范围:0~100mm,位移测量精度<±0.5%。

该试验机可充分满足不同强度等级的岩石试样,实现单轴加载、单轴加卸载等试验。

3.3.3　TAW-2000 型三轴液压伺服机

TAW-2000 型三轴液压伺服机刚度可达 10MN/mm,可实现应力、变形、位移、围压、水压等伺服控制。控制系统采用德国 DOLI 公司原装进口的 EDC 全数字伺服测控器,具有多个测量通道,可对其中任意一通道进行闭环控制,且在试验中可对控制通道进行无冲击转换,操作方便,容错性强、测量准确、控制精度高。该试验机可充分满足不同强度等级的岩石试样,实现三轴加载、三轴加卸载等试验。试验仪器如图 3-3 所示。

图 3-3　TAW-2000 型三轴液压伺服机

(1) 主机采用门式整体铸造结构,刚度达 10MN/mm 以上。

(2) 轴向最大试验力 2000kN,有效测力范围 40~2000kN,测力分辨率 20N,测力精度±1%。

(3) 围压控制范围:0~100MPa,围压测控精度±2%,围压分辨率 0.1MPa。

（4）变形测控范围：轴向 0~5mm，径向 0~3mm，测量分辨率 0.1μm，测量精度±1%，变形速度控制范围 0.006~50mm/min。

（5）位移测控范围：0~100mm，测量精度<±0.5%FS，测量分辨率高于 1/10000。

（6）孔隙水压力范围：0~40MPa，孔隙水压力测量精度：±2%，蓄水量大于 500mL。

（7）控制波形。用户根据需要可任意设定包含有加载、保载、卸载环节的多种程序波形；加卸载和保载时间设置范围 0~30h。

（8）极限控制：当轴向变形、径向变形、时间等参数达到极限值或预设置、试样断裂、油路堵塞和油温过高时均可自动保护。

3.4 岩石冲击倾向性综合评价

单轴压缩是测定岩石冲击倾向性最常规的试验方法，虽然不同的学者选择不同岩性、不同加载速率等进行测试，但却不难看出，各项研究都是围绕着岩石冲击倾向性与岩石力学特征参数的关系展开的。现有的岩石冲击倾向性指标中，往往会出现当采用不同冲击倾向性指标对某一种岩石进行冲击倾向性评价时，出现不同的分析结果。因此，在进行岩石冲击倾向性评价时，有必要采用多种冲击倾向性评价指标进行综合测试分析。本小节主要采用不同冲击倾向性指标测试方法，对单轴压缩条件下的不同冲击倾向性岩石进行冲击倾向性评价，同时，也为后续不同应力状态下的岩石冲击危险性评价提供基础依据。

3.4.1 基于动态破坏时间指标评价岩石冲击倾向性

大量研究表明，在液压伺服机系统上试验时，单轴压缩下岩石变形破坏全过程可以分为 4 个阶段：

（1）孔隙裂隙压密阶段。

（2）弹性变形至微弹性裂隙稳定发展阶段。

（3）非稳定破裂发展阶段（累进性破裂阶段）。

（4）破裂后阶段。

动态破坏时间测试试验常使用 WES-2000 型数显式液压万能试验机类型的力学系统，这种测试方法在测试煤的动态破坏时间时较为常用，而较少用于测试岩石的动态破坏时间。

我国煤炭科学研究总院在基于大量实验和现场试验的基础上，于 1985 年提出了采用动态破坏时间评价煤岩冲击倾向性，针对煤岩的冲击倾向性给出评价标准[130]，即：当 $DT>500$ms 时，煤岩无冲击倾向性（无岩爆）；当 $50<DT≤500$ms 时，煤岩有弱冲击倾向性（中等岩爆）；当 $DT≤50$ms 时，煤岩有强冲击倾向性（强烈岩爆）。刘铁敏[228]针对我国金属矿山和煤矿对动态破坏时间的指标判定差别，对红透山铜矿的岩爆岩石进行大量试验，提出了针对金属矿山中岩石动态破

坏时间的判别标准：当 $DT>2000\text{ms}$ 时，岩石无冲击倾向性（无岩爆）；当 $100<DT\leqslant2000\text{ms}$ 时，岩石具有弱冲击倾向性（中等岩爆）；当 $DT\leqslant100\text{ms}$ 时，岩石具有强冲击倾向性（强烈岩爆）。李庶林[229]曾以凡口铅锌矿深部矿体穿脉巷中（埋深 700m 左右）的灰岩、黄铁矿、铅锌矿和灰岩 4 种岩石为研究对象，通过采用上述两种判定标准，测定了岩石动态破坏时间来评价岩爆的倾向性。研究结果表明，上述两种判别标准都一致地判定 4 种岩石具有冲击倾向性（强烈岩爆）。

　　基于上述研究成果，本书分别对花岗岩（平均埋深约 800m）、中砂岩、粗砂岩和泥砂岩（平均埋深约 400m）4 种不同岩石进行动态破坏时间 DT 和单轴抗压强度进行综合判定。

　　由标准 MT/T 174—2000[130]可知，岩石的动态破坏时间一般是指在单轴压缩下，从其极限抗压强度到完全破坏经历的时间。试验在 WES-2000 型试验机上完成，试验加载方式采用应力控制，加载速率为 0.5~1.0MPa/s。信号测试过程，结合使用 DH5937 型动态电阻应变仪采集应力及时间等数据，其中应变仪的采样频率为 10kHz。根据上述冲击倾向性分类及指数的测定方法，得到花岗岩、泥砂岩、中砂岩和粗砂岩几种典型的动态破坏时间曲线和岩石破坏后的岩石照片，如图 3-4 所示。

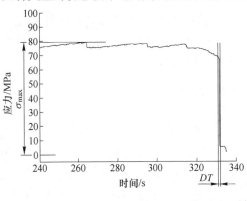

(a)

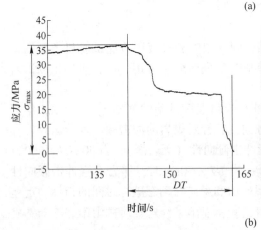

(b)

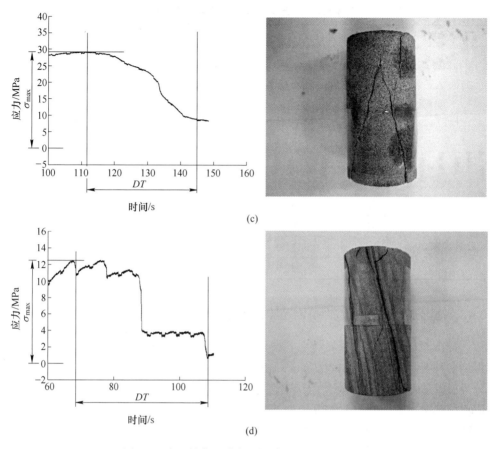

图 3-4 岩石的典型动态破坏时间和破坏后形态图
(a) 花岗岩; (b) 中砂岩; (c) 粗砂岩; (d) 泥砂岩

对比分析破坏后岩石的照片可以看出, 对于花岗岩而言, 其破坏程度相当剧烈并伴有岩块弹射现象, 破坏后岩石几乎无法再看出原来的形状, 碎裂成多块, 而粗砂岩、中砂岩和泥砂岩破坏程度相对没有这么剧烈, 岩石试样也相对保存得较好。从应力-时间曲线也可以看出, 花岗岩的破坏过程属于瞬间能量释放, 应力迅速下降至较低点, 而其他几种岩石基本上是缓慢下降。经计算, 得到花岗岩平均动态破坏时间为 66.75ms, 中砂岩动态破坏时间为 17103ms, 粗砂岩动态破坏时间为 22338ms, 泥砂岩动态破坏时间为 28830ms。采用上述两种判别标准, 分别对 4 类岩石的冲击倾向性进行判别, 结果见表 3-1。

研究结果表明, 当采用上述两种判别标准判定 4 种岩石的冲击倾向性时, 花岗岩分别被判定为弱冲击倾向性 (中等岩爆, 标准 1[130]) 和强冲击倾向性 (强烈岩爆, 标准 2[225])。而对于其余 3 种岩石, 无论采用哪种评价标准, 都被判定为无冲击倾向性。

表 3-1　不同类型岩石的动态破坏时间统计

岩石类型	编号	DT/ms	平均 DT/ms	标准 1[130]	标准 2[225]
花岗岩	H1	64.4	66.75	弱冲击倾向性	强冲击倾向性
	H2	69.1			
中砂岩	ZS1	15093	17103	无冲击倾向性	无冲击倾向性
	ZS2	20187			
	ZS3	16030			
粗砂岩	CS1	24492	22338	无冲击倾向性	无冲击倾向性
	CS2	16891			
	CS3	25632			
泥砂岩	NS1	39500	28830	无冲击倾向性	无冲击倾向性
	NS2	13240			
	NS3	33750			

3.4.2　基于冲击能量指数评价岩石冲击倾向性

　　冲击能量指数是指煤岩峰前积聚变形能和峰后耗损变形能的比值，试验一般得到两种典型应力应变曲线，如图 3-5 所示。以岩石峰值应力 C 点的垂线 CQ 为分界，峰值应力后曲线位于 CQ 右侧为 I 类应力应变曲线，位于 CQ 左侧为 II 类应力应变全过程曲线。具有 II 类曲线煤岩属于强冲击倾向，可不必计算冲击能量指数。具有 I 类曲线的煤岩试件需计算冲击能量指数。对于 I 类曲线的煤岩试件冲击能量指数计算示意图如图 3-6 所示。

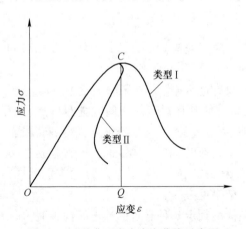
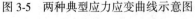
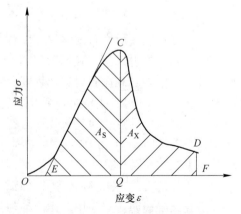

图 3-5　两种典型应力应变曲线示意图　　　　图 3-6　冲击能量指数计算示意图

　　冲击能量指数（K_E）按式（3-5）计算：

$$K_E = \frac{A_S}{A_X} \tag{3-5}$$

式中 A_S——峰值前积聚的变形能；

A_X——峰值后损耗的变形能。

A_S 的值等于 OC 曲线下的积分面积，A_X 的值等于 CD 曲线下的积分面积。D 为残余强度的初始点。D 点的确定方法是：做 OC 曲线的切线交 ε 轴于 E，再截取 $QF = QE$，过 F 点做 ε 轴的垂线，与峰后曲线的交点即是 D。

基于上述分析，分别对花岗岩、中砂岩、粗砂岩和泥砂岩 4 种不同岩石进行冲击能指数测试，试验在 GAW-2000 型试验机上完成，加载方式采用应变控制，加载速率为 0.006~0.012mm/min。通过前文中冲击能量指数的评价标准和方法，得到各类岩石的冲击倾向性，见表 3-2。

表 3-2 试样冲击能指数评价结果

名称	K_E	$\overline{K_E}$	冲击倾向性评价[130]
花岗岩	3.78	2.68	弱冲击倾向性（中等岩爆）
	1.39		
	2.88		
中砂岩	1.32	0.98	无冲击倾向性（无岩爆）
	0.84		
粗砂岩	0.88	1.18	无冲击倾向性（无岩爆）
	1.53		
	1.12		
泥砂岩	0.74	0.89	无冲击倾向性（无岩爆）
	1.04		

研究结果表明，花岗岩的冲击能量指数平均值为 2.68，具有弱冲击倾向性（发生中等岩爆）；中砂岩的冲击能量指数平均值为 0.98，无冲击倾向性（无岩爆）；粗砂岩的冲击能量指数平均值为 1.18，无冲击倾向性（无岩爆）；泥砂岩的冲击能量指数平均值为 0.89，无冲击倾向性（无岩爆）。

3.4.3 基于强度脆性系数法评价岩石冲击倾向性

目前的岩爆研究中，普遍认为岩石的脆性破坏是发生岩爆的必要条件之一。岩石脆性越大，岩爆倾向（冲击倾向性）越高，S. P. Singh[230] 提出了确定岩石脆性公式，即：

$$K_{B_1} = \frac{\sigma_c - \sigma_t}{\sigma_c + \sigma_t}, \qquad K_{B_2} = \sin\varphi \qquad (3-6)$$

式中　σ_c，σ_t——单轴抗压强度和抗拉强度；

　　　　φ——内摩擦角。

由 Mohr-Coulomb 强度准则可得 $K_{B_1} = \sin\varphi = K_{B_2}$。为较好反映岩石脆性特性，还提出了一种脆性指数判据[231]：

$$K_u = U/U_1 \qquad (3-7)$$

式中　U——峰值强度前的总变形；

　　　　U_1——峰前永久变形。

一般认为，当 $K_u < 2$ 时，岩石无冲击倾向性（无岩爆）；当 $K_u = 2.6 \sim 6$ 时，岩石具有弱冲击倾向性（弱岩爆）；当 $K_u = 6 \sim 9$ 时，岩石具有中等冲击倾向性（中等岩爆）；当 $K_u > 9$ 时，岩石具有强冲击倾向性（强岩爆）。

与前一种判据相比，有学者结合 Griffith 强度理论提出了一种判别指标[232]，即：当 $\sigma_\theta \geqslant 8\sigma_t$ 时，可能发生岩爆；$K_B = \sigma_c/\sigma_t$ 越小，岩爆等级越强烈。且当 $K_B > 40$ 时，无冲击倾向性（无岩爆）；当 $K_B = 26.7 \sim 40$ 时，具有弱冲击倾向性（弱岩爆）；当 $K_B = 14.5 \sim 26.7$ 时，具有中等冲击倾向性（中等岩爆）。当 $K_B < 14.5$ 时，具有强冲击倾向性（强岩爆）。

由于应力和应变都可以用来表示岩石的脆性，故也有将两者结合的判别方法[232]：

$$K_B = \alpha \cdot \frac{\sigma_c}{\sigma_t} \cdot \frac{\varepsilon_f}{\varepsilon_b} \qquad (3-8)$$

式中　ε_f，ε_b——峰值强度前后平均应变；

　　　　σ_c，σ_t——抗压强度和抗拉强度；

　　　　α——1/10[232]。

陶振宇[55]指出，一般单轴抗压强度不小于 150~200MPa 的火成岩或不小于 60~100MPa 的沉积岩易发生岩爆。研究表明，花岗岩的平均单轴抗压强度为 95.69MPa，平均抗拉强度为 10.38MPa，计算得到 $K_B = 9.22 < 14.5$，说明花岗岩具有强冲击倾向性（强岩爆）；泥砂岩平均抗压强度为 13.14MPa，平均抗拉强度为 1.96MPa，计算得到 $K_B = 6.70$；粗砂岩的平均抗压强度为 26.59MPa，平均抗拉强度为 1.91MPa，计算得到 $K_B = 13.92$；中砂岩的平均抗压强度为 30.31MPa，平均抗拉强度为 4.60MPa，计算得到 $K_B = 6.59$，结果见表 3-3。由文献 [232] 可知，中砂岩和泥砂岩均不满足先决条件，因此，不适宜采用该评价标准。因此，在此次评价中可判断粗砂岩不具有冲击倾向性，另结合标准 MT/T 174—2000[130]，判定泥砂岩和中砂岩不具有冲击倾向性。

表 3-3 脆性系数分析结果

类 型	R_c/MPa	$\overline{R_c}/\text{MPa}$	R_t/MPa	$\overline{R_t}/\text{MPa}$	K_B
花岗岩	106.44		10.97		
	100.90	95.69	9.21	10.38	9.22
	79.73		10.96		
泥砂岩	12.81		1.78		
	11.40	13.14	0.98	1.96	6.70
	15.20		3.12		
中砂岩	29.37		3.34		
	29.26	30.31	4.71	4.60	6.59
	32.30		5.74		
粗砂岩	30.16		2.87		
	22.35	26.59	0.98	1.91	13.92
	27.25		1.88		

3.4.4 基于线弹性能评价岩石冲击倾向性

线弹性能是一种评价岩石冲击倾向性的能量指标，反映在岩石峰值应力前储存的弹性能量[9,226]，可由式（3-9）计算：

$$W_e = \frac{\sigma_c^2}{2E_s} \tag{3-9}$$

式中　σ_c——单轴抗压强度；

　　　E_s——卸载切线模量。

当 $W_e < 40\text{kJ/m}^3$ 时，岩石无冲击倾向性；当 $40\text{kJ/m}^3 \leqslant W_e < 100\text{kJ/m}^3$ 时，岩石具有弱冲击倾向性；当 $100\text{kJ/m}^3 \leqslant W_e < 200\text{kJ/m}^3$ 时，岩石具有中等冲击倾向性；当 $W_e \geqslant 200\text{kJ/m}^3$ 时，岩石具有强冲击倾向性。

本节分别对花岗岩和蚀变矿岩进行单轴压缩声发射试验，试验方案和仪器同 3.4.1 节。研究得到花岗岩线弹性能量平均值为 151.3kJ/m^3，具有中等冲击倾向性；蚀变矿岩线弹性能量平均值为 50.6kJ/m^3，具有弱冲击倾向性。图 3-7 所示为典型的花岗岩加卸载曲线。

综合研究结果表明，花岗岩具有中等以上的冲击倾向性，蚀变矿岩具有弱冲击倾向性，中砂岩、粗砂岩、泥砂岩不具有冲击倾向性。在评价岩石的冲击倾向性时，应采用多种评价指标进行综合评判。

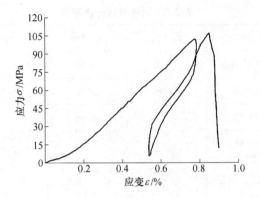

图 3-7　花岗岩加卸载曲线

3.5　围压对岩石冲击危险性的影响分析

　　通常地下工程中的岩体所处的真实环境为三维应力状态。与单轴压缩状态相比，岩石在三轴压缩状态下表现出的力学特性大有不同。在常规的三轴试验中，岩石在围压作用下比单轴压缩下的强度明显增加（图 3-8 所示为典型的不同岩石在不同围压下的抗压强度）；岩石峰前应变随围压增加而增大；弹性极限增加显著；塑性阶段延长，并逐渐由塑性状态向延性状态转变，因此，三轴压缩下的应力应变曲线形态也发生明显改变。在围压作用下，应力应变曲线的峰前曲线表现为应变增大，峰值强度提升，峰值应力前能量增大；峰后曲线"延长"，峰值应力后残余变形能也增大[1]。因此，研究不同冲击倾向性岩石在三轴压缩下的冲击危险性变化特征，对于进一步认识岩爆、冲击地压破坏机制和预测有着重要作用。

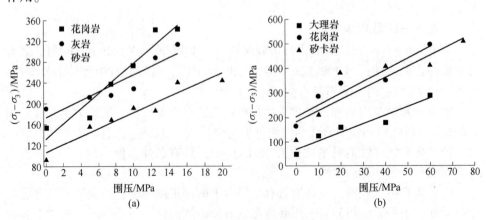

图 3-8　三轴压缩下岩石抗压强度

（a）文献 [189]；（b）本文

关于围压对岩爆、冲击地压的影响，国内外学者均进行了大量研究，且主要集中在三轴卸荷诱发岩爆试验。何满潮[112]为模拟岩爆过程，以花岗岩为研究对象进行了真三轴试验，结果表明，花岗岩岩爆过程可分为 4 个阶段：平静、小颗粒弹射、片状剥离伴随颗粒混合弹射及全面崩塌，破坏形式分为颗粒弹射、片状劈裂和块状崩落 3 种形式。

王贤能和黄润秋[233]模拟了硐室开挖的三轴试验。结果表明，岩石加、卸载条件下变形破坏特征有很大差别。加载条件下的弹性模量要大于卸载条件下，岩石破坏时的强度随卸载速率的提高而减小，并呈现出张性、张剪性破坏。这一特征与硐室岩爆规律一致，因此，实际工程中，可通过降低开挖速率减缓岩爆发生。

张黎明等人[234]将岩石卸荷破坏与岩爆特征相联系，以粉砂岩为研究对象，进行了轴压不变的卸围压试验研究。研究结果表明，随着卸载围压的增加，岩石破坏过程的岩爆烈度等级逐渐增加，因此，岩体在围压环境下，如果其中一个方向围压卸载，就有可能导致在岩体中弹性应变能的快速释放，引起岩爆的发生。

陈卫忠等人[235]以花岗岩为研究对象，分别进行了常规三轴和基于不同卸载速率的峰前、峰后卸围压试验，研究结果表明，花岗岩在峰值应力前和峰值应力后卸围压下都表现明显脆性特征，峰值前围压卸载的脆性比峰后更强烈，随着卸载速率的增加，岩石发生脆性破坏的可能性越大，出现岩爆的可能性也越大。

张晓君[236]在结合岩爆实例的基础上，进行了岩爆真三轴加卸载试验研究，并建立了围压卸载岩爆的损伤演化方程。研究结果表明，岩爆破裂存在劈裂和剪切两种复合形式，爆坑的形状与剪切和劈裂所占成分有关。随应力增加，具有冲击性的围压会出现一段时间的平静期，而平静期的时间与其卸载前后的应力水平有关。劈裂形式要优先剪切形式出现，围岩卸载后的应力水平越高，出现剪切破坏形式越大，因此岩爆发生也越强烈。

3.5.1 围压对岩石冲击指数 BIM 的影响

冲击指数 BIM 是将加卸载转换应力点确定为应力应变曲线的峰值点，将卸载曲线简化为以弹性模量 E_{50} 为斜率并通过峰值点的直线。在围压作用下，弹性模量变化显著，因此分析不同围压对岩石冲击指数 BIM 的影响，对于判断岩石冲击危险性变化有重要意义。

文献 [189] 分别对花岗岩、灰岩、砂岩 3 种不同冲击倾向性岩石进行了不同围压试验。为了便于观察不同冲击倾向性岩石试件在不同围压条件下冲击指数 BIM 的分布特征及规律，以冲击指数 BIM 值为纵坐标，围压水平为横坐标作图，并进行数据拟合，得到不同围压下冲击倾向性岩石冲击指数 BIM 指标随围压变化关系，如图 3-9 所示。

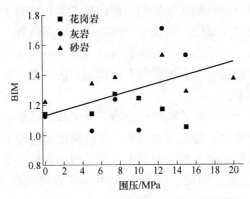

图 3-9　围压与冲击指数 BIM 的关系[189]

研究表明，随着围压的升高，冲击指数 BIM 的数值整体规律是上升的，从理论角度，围压的升高会导致岩石屈服阶段的增加，塑性变形增大，前期的弹性应变能会减少（释放），BIM 数值相应增大。BIM 越大，岩石冲击倾向性越小。

3.5.2　围压对岩石屈服度的影响

为了便于观察不同冲击倾向性岩石试件在不同围压条件下屈服量、屈服度的分布特征及规律，分别以屈服量、屈服度为纵坐标，围压水平为横坐标作图，并进行数据拟合，得到不同围压下冲击倾向性岩石屈服量、屈服度指标随围压的变化关系，如图 3-10 所示。

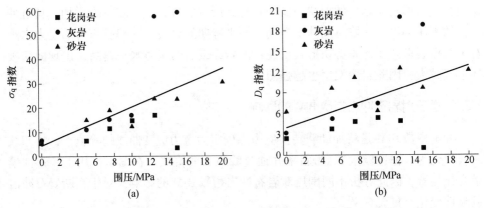

图 3-10　围压与屈服量、屈服度的关系[189]

(a) 围压与屈服量；(b) 围压与屈服度

研究表明，随着围压的升高，屈服量、屈服度均逐渐增加。同时，在围压相同的情况下，除个别离散数值，花岗岩和灰岩的屈服量整体要大于砂岩，砂岩的屈服度整体大于花岗岩和灰岩。围压作用下，岩石极限抗压强度、变形等都会明显升高，且围压越大，其值越大。岩石屈服度越大，其冲击倾向性越小。

3.5.3　围压对岩石冲击能量指数的影响

随着围压的增加，岩石峰值应力前所聚集的能量与峰值应力后的残余变形能量同时增大，因此，岩石的冲击能指数则随着围压的变化而改变，有学者总结了可能会出现的几种情形[145]：

（1）岩石峰值应力前集聚的能量大于峰值应力后残余变形的能量，冲击能量指数增大。

（2）岩石峰值应力前集聚的能量小于峰值应力后残余变形能量，冲击能量指数减小。

（3）较低围压水平，岩石峰值应力前集聚的能量大于峰值应力后残余变形能量。

（4）较高围压水平，岩石峰值应力前集聚的能量小于峰值应力后残余变形能量，故冲击能量指数的变化规律为先增大再减小。

基于以上认识，以冲击性花岗岩为研究对象，进行了单轴和三轴压缩下的冲击能量指数对比分析，得到围压与冲击能指数关系。试验方案同3.4.2节，试验力学系统分别为 GAW-2000 型单轴液压伺服机和 TAW-2000 型三轴液压伺服机。

研究表明，随着围压的逐渐增大，花岗岩冲击能指数逐渐减小，说明岩石的冲击倾向性逐渐降低。同时，如果围压逐渐下降，花岗岩的冲击能指数则逐渐增大，岩石的冲击倾向性逐渐增大。说明围压是影响岩石冲击能力大小的一个重要因素。并对二者的关系进行了拟合：

$$K_E = 2.533 - 0.258\sigma_3 + 0.008\sigma_3^2 \tag{3-10}$$

对上述不同冲击性岩石的冲击能量指数（K_E）进行分析，以冲击能量指数（K_E）为纵坐标，围压水平为横坐标作图，并进行数据拟合，得到不同围压下冲击能量指数（K_E）指标随围压变化关系，如图 3-11 所示。

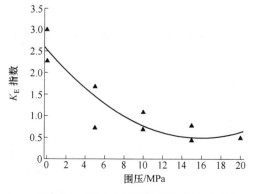

图 3-11　围压与冲击能指数的关系

同时对上述花岗岩、灰岩和砂岩[189]数据进行拟合，如图3-12所示，拟合得到冲击能量指数与围压的关系：

$$K_E = 4.971 - 0.698\sigma_3 + 0.029\sigma_3^2 \tag{3-11}$$

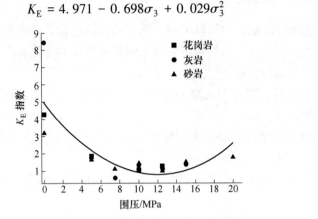

图3-12　不同岩性冲击能指数随围压的变化

研究表明，花岗岩、灰岩和砂岩随着围压的增大，冲击能指数都逐渐减小，冲击倾向性降低。

地下工程岩体受开挖扰动后，应力状态发生了变化，最大主应力和最小主应力发生的变化表现为：

（1）岩体最小主应力下降，对应于岩石三轴试验中围压下降，岩石的强度减小，冲击倾向性增大，岩石容易发生冲击；反之，围压升高，岩石则不容易发生冲击。从式（3-10）和式（3-11）也可以看出，当σ_3为0时，岩石的冲击性增强，σ_3逐渐增大时，岩石冲击性减弱。这也说明，处于高应力区的岩体，在围压卸载过程容易发生岩爆、冲击地压现象。

（2）岩体最大主应力下降，对应于岩石三轴试验中轴压水平升高，岩石内部存储的能量越多，相应的岩石发生冲击的可能性越大；反之，轴压水平越低，岩石发生冲击的可能性越小。

3.6　不同应力水平岩石冲击危险性影响分析及损伤能量演化特征

3.6.1　试验对象和方案

3.6.1.1　试验对象

试验所用的花岗岩试件取样平均埋深800m，具有中等以上冲击倾向性。按照ISRM建议的方法，加工成ϕ50mm×100mm圆柱形标准试件，再采用NM-4B型声波仪筛选出波速相近的试件，并保证试件没有大的裂纹，端面平整，上下端面不平行度小于 0.02mm，端面与轴向垂直最大偏差小于 0.25°。

3.6.1.2 试验方案

试验采用 GAW-2000 型岩石单轴电液伺服刚性试验机和 TAW-2000 型岩石三轴电液伺服刚性试验机，初次加载轴向变形至 100μm 后，轴压卸载接近至 0MPa；再次加载轴向变形增加 100μm 后，轴压卸载接近至 0MPa，如此往复加卸载，至岩石破坏，试验停止。此次试验共进行了单轴循环加卸载和围压为 1MPa、10MPa、20MPa、30MPa 的常规三轴压缩循环加卸载声发射试验。试验全过程压力机采用变形控制方式，加载速率为 0.01mm/min，卸载速率为 0.04mm/min。图 3-13 和图 3-14 所示分别为单轴（0 围压）循环加卸载应力应变曲线和不同围压（1MPa、10MPa、20MPa、30MPa 围压）下的应力应变曲线。

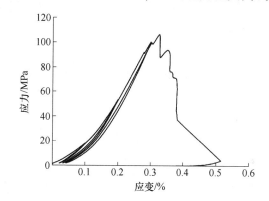

图 3-13 单轴循环加卸载应力应变曲线

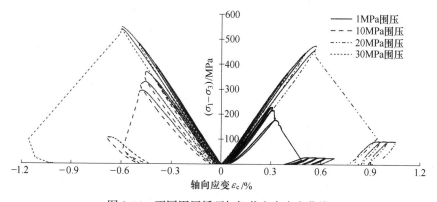

图 3-14 不同围压循环加卸载应力应变曲线

3.6.2 循环加卸载下冲击性岩石能量演化特征

岩石在加卸载作用下，内部微裂隙的闭合、断裂、扩展、贯通直接影响着岩石力学参数的变化，岩石力学参数的变化也在一定程度上反映了其内部的损伤状态[237,238]。

损伤力学认为，材料在受外力作用时，从内部损伤直到破坏是一个能量的耗散与释放的过程。岩石循环加卸载是一个不断吸收能量的过程，该能量一部分用于其损伤的产生、扩展与塑性变形；另一部分以内能形式储存在岩石内部，并在卸载过程中以弹性应变能形式释放。由能量守恒定律可知：

$$W = E_s + E_b + E_r \tag{3-12}$$

式中　W——环境所做总功；

　　　E_s——试验机储存的弹性能量；

　　　E_b——试验系统消耗的各种能量；

　　　E_r——岩石吸收的能量。

$$E_r = U^d + U^e \tag{3-13}$$

式中　U^d——不可逆耗散能量；

　　　U^e——存储的弹性应变能。

$$U^d = Y + U^s \tag{3-14}$$

式中　Y——岩石损伤能量释放率；

　　　U^s——塑性能。

表 3-4 为单轴和不同围压下循环次数与轴向应力水平关系。

表 3-4　不同围压下循环次数与轴向相对应力水平

单轴（0MPa围压）		1MPa围压		10MPa围压		20MPa围压		30MPa围压	
循环次数	相对应力水平/%	循环次数	相对应力水平/%	循环次数	相对应力水平/%	循环次数	相对应力水平/%	循环次数	相对应力水平/%
1	17.03	1	26.45	1	19.15	1	17.51	1	18.03
2	50.40	2	63.69	2	41.86	2	38.32	2	36.87
3	94.30	3	99.99	3	69.06	3	58.70	3	55.46
—	—	—	—	4	91.72	4	77.59	4	72.84
—	—	—	—	—	—	5	93.65	5	88.42

图 3-15 所示为单轴和不同围压下轴向不同应力水平能量分配规律。分析图 3-15 可知，循环上限达到峰值应力前，总应变能量、弹性应变能及耗散能都随着循环次数增加而增大。单轴压缩下情况和 1MPa 围压下情况类似，随着围压的升高，岩石弹性应变能逐渐升高。加载初期岩石总应变能量、弹性应变能及耗散能均相差不大，随着循环次数的增加（轴向应力水平的增加），三者之间的差值越来越大，其中每一级循环加卸载过程损失的能量（耗散能）所占比例较少，这是由于花岗岩的致密、坚硬的原因，也说明后期循环中弹性能量的急剧增加预示着岩石即将破坏。

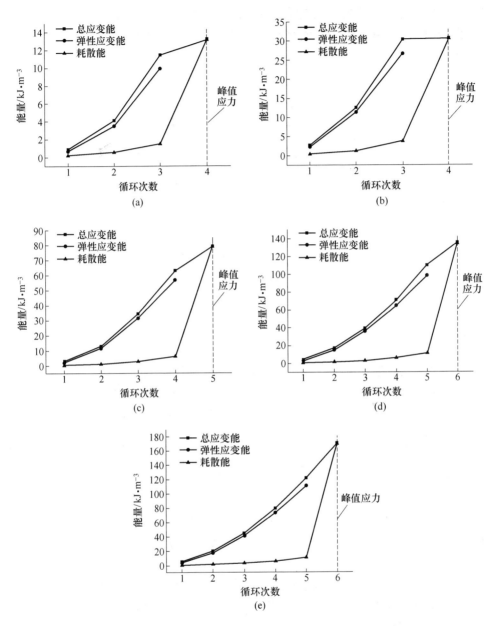

图 3-15 不同围压各循环能量分配

（a）单轴/0 围压；（b）1MPa 围压；（c）10MPa 围压；（d）20MPa 围压；（e）30MPa 围压

　　为了更加清楚地观察，做出弹性应变能与总应变能的比值随轴向应力水平变化的关系图，如图 3-16 所示。从图中可以看出，轴向相对应力水平 65% 前，弹性应变能量所占比例随着轴向应力水平的增加而增加；轴向相对应力水平

65%后，弹性应变能量所占比例随着轴向应力水平的增加而减少。说明花岗岩在轴向相对应力水平 65%处发生了较大的损伤，其存储弹性应变能的能力也相对减弱。

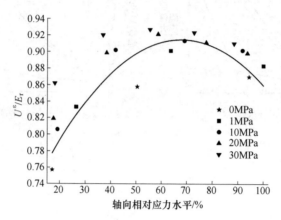

图 3-16   弹性应变能与总应变能的比值随轴向应力水平的变化

3.6.3 损伤变量

岩石的损伤是指在外力作用下，岩石内部结构缺陷引起的力学性能劣化过程。它与岩石的力学性能密切相关，是岩石发生劣化的根本原因。

损伤力学有两个分支：连续损伤力学和细观损伤力学。其中连续损伤力学是利用连续介质热力学与连续介质力学研究损伤过程；细观损伤力学是通过对典型损伤基本元的变形和演化，求取材料变形、损伤与细观损伤参量的关系。

岩石属于非均质性材料，内部结构复杂，微裂隙等分布随机，但在大多力学分析中，仍视其为连续介质，认为其损伤演化过程仍然是连续的，并且岩石损伤的产生与发展是一个不可逆过程。目前对岩石的损伤研究有两方面：一是从细观角度，对岩石有效面积、孔隙率、裂纹密度等进行分析；二是从宏观角度，对岩石的弹性常数、声速等的变化特征进行研究。

损伤力学是近几十年发展起来的一门学科，它是材料或构件的变形及破坏基础理论的重要组成部分。目前，国内外对于损伤的定义有多种：

（1）有效负面积法。Y. N. Rabotnov[239] 于 1963 年提出采用有效负面积法，定义了损伤因子的概念。

（2）弹性模量法。在 Y. N. Rabotnov 研究基础上提出的一种基于应变等效假说的全新损伤定量方法[240,241]。鞠杨和谢和平[242]采用塑性应变法提出弹塑性材料的损伤变量定义。

（3）耗散能法。彭瑞东[243]基于岩石耗散能及损伤能量释放率提出损伤演化方程。金丰年等人[244]基于能量耗散定义损伤变量法，并给出了理论计算公式与损伤阈值。

（4）声速法。文献［245］在文献［246］的基础上，提出声速法定量地描述岩石损伤。

（5）损伤统计分布法。曹文贵和方祖烈[247]建立了基于岩石微元强度分布损伤演化方程。

（6）此外，还有大量的文献提出了如声发射法[248]、微裂纹法[249]、CT 数法[250]、图像分析法[251]及塑性体积应变法[252]等。这些方法各有优缺点，但较常用、便于计算的是弹性模量法、耗散能法及声速法。

3.6.4 基于耗散能法分析冲击性岩石损伤及其演化特征

岩石在加卸载过程中，一部分能量通过弹性应变能储存在岩石中，另一部分为岩石损伤和塑性变形（耗散能）。因此，对岩石的加卸载过程可以将每一级循环下的损伤变量定义为某一级加载累计耗散能与加载至最后一级时累计的耗散能比值，即：

$$D(i) = \frac{U^{\mathrm{d}}(i)}{U^{\mathrm{d}}} \tag{3-15}$$

式中　$U^{\mathrm{d}}(i)$——第 i 级循环累计耗散能；

　　　U^{d}——加载至最后一级（峰值应力处）的累计耗散能。

由于加卸载试验中当加载至峰值应力时岩石发生主破裂，因此在计算该级耗散能时，视为该级所加载的总应变能即为该级耗散能。图 3-17 所示为各试件在不同循环次数的损伤变量关系。

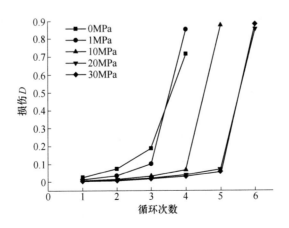

图 3-17　花岗岩损伤变量与循环次数的关系

从式（3-15）可以看出，试件在未受力或处于弹性阶段时 $U^d(i)$ 等于 0，即岩石不发生损伤，此时 $D(i)$（损伤变量）和 D（累计损伤变量）也都为 0；$U^d(i)$ 大于 0 时，岩石开始发生损伤。岩石损伤是不可逆的，因此岩石的每一级循环所产生的累计损伤变量则可以表示为：

$$D = \sum_1^i D(i) = \frac{\sum_1^i U^d(i)}{U^d} \tag{3-16}$$

从式（3-16）可以看出，当加载至最后一级时，岩石损伤累计变量 D 为 1。图 3-18 所示为各试件在不同循环次数的累计损伤变量关系。由图可知，花岗岩在低应力水平的损伤较小，随着循环次数的增加，岩石的损伤逐渐增加，整个损伤曲线表现出"上凹"形，说明随着循环次数的增加，下一级循环的损伤程度愈严重，越接近峰值应力岩石损伤速率越大。

由式（3-14）可得到单轴压缩和不同围压情况下，峰值应力前不同循环次数的损伤能量释放率与损伤变量关系，如图 3-19 所示。

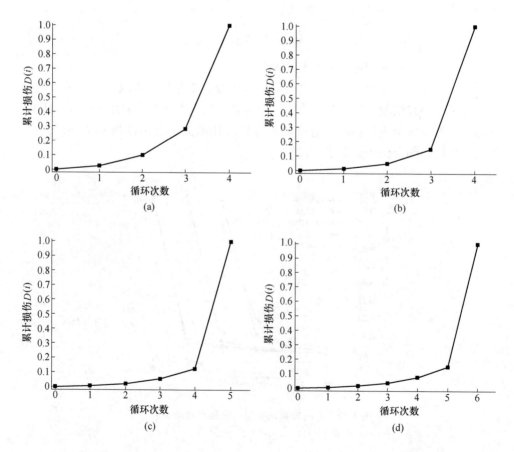

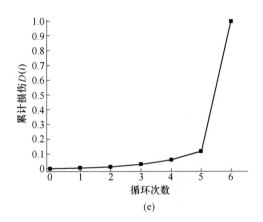

(e)

图 3-18　基于耗散能法表征损伤演化曲线

（a）单轴（0 围压）；（b）1MPa 围压；（c）10MPa 围压；（d）20MPa 围压；（e）30MPa 围压

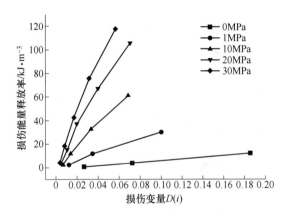

图 3-19　循环加卸载下的损伤能量释放率与损伤变量的关系

岩石循环加卸载下的损伤能量释放率与损伤变量关系可表达为：

$$Y = \frac{U^{\varepsilon}}{1 - D} \tag{3-17}$$

研究表明，岩石损伤能量释放率与损伤变量之间呈现近线性关系，且随着围压的升高，能量释放率越高，这是因为在围压效应下，岩石集聚的能量越高。也说明，在高围压作用下岩石发生的损伤越小。

3.6.5　不同应力水平下岩石冲击危险性影响分析

研究表明[237]，岩石在循环加卸载下的变形与蠕变下的变形特征类似，循环荷载下大理岩和红砂岩的强度分别下降了 15% 和 17%。循环加载过程，试样的总变形由静态加载引起的初始变形、蠕变变形和循环引起的损伤变形组成。可见，岩石在循环加卸载过程中发生破坏，是由于循环所产生的损伤积累。

文献［145］认为发生岩爆时岩石所处的应力状态不同，而处于不同应力水平下的岩石冲击危险性则出现变化。岩石的冲击危险性不仅与材料参数有关，也应该与岩石所处的应力水平密切相关。对于未发生破坏的岩石（岩体），研究其在不同应力水平的弹塑性储能指数变化规律，有利于进一步预测岩爆、冲击地压等冲击性动力灾害所发生的危险性与其所处应力状态的关系。图 3-20 所示为不同围压下循环加卸载过程弹塑性储能指数与轴向相对应力水平的关系。研究指出，随着轴向应力水平增加，岩石的弹塑性储能指数先增大后减小；发生变化的位置大约在 70%~80% 左右。由此可知，在轴向应力水平增加的过程中，岩石的弹塑性储能指数增大；弹塑性储能指数增长到一定阈值后将减小，弹塑性储能指数小幅下降后，岩石将发生主破裂。从而说明，随着轴向相对应力水平的增加，岩石冲击危险性增大，临近破坏前，在轴向应力水平 70%~80% 左右时，弹塑性储能指数达到峰值后逐渐降低，岩石继而发生主破裂。

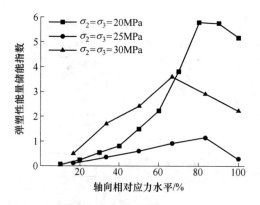

图 3-20　不同围压下循环加卸载过程弹塑性储能指数与轴向相对应力水平的关系[145]

文献［253］指出，在循环加卸载试验中可以利用煤岩冲击倾向性评价指标体系中的弹性能量指数（W_{ET}）对岩石进行冲击性评价，以单循环为例，弹性能量指数（W_{ET}）计算公式如下：

$$W_{ET} = \frac{W_5}{W_4} \tag{3-18}$$

式中　W_5——弹性应变能（图 3-21 中 EFH 面积）；

　　　W_4——损耗能（图 3-21 中 DCEF 面积）。

文献［253］还指出，在循环次数较少的情况下，上述式子可反映岩样加载过程中能量的积聚与耗散，在多次循环加卸载下，外力所做功一部分转换成弹性变形能，另一部分通过其他形式耗散掉。因此，通过式（3-17）很难完全解释岩样加载过程中能量的积聚和耗散。鉴于文献［254］的研究结果，提出修正公式：

$$W_{ET} = \frac{W_5}{W_4 - W_3} \tag{3-19}$$

式中 W_3——耗散能（前一次卸载曲线和该次加载曲线所围成的面积，即图 3-21 中 *CD-DCE* 所包络的面积）。

通过式（3-19），得到单轴和不同围压下轴向相对应力水平与滞回环面积曲线，如图 3-22 所示。从图 3-22 中可以看出，随着轴向相对应力水平的增加，花岗岩的滞回环曲线面积逐渐增大，呈明显的正相关关系，越临近岩石破坏滞回环面积增长越快。

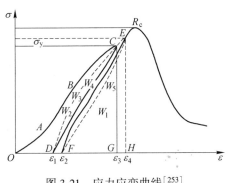

图 3-21 应力应变曲线[253]

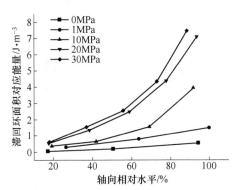

图 3-22 相对应力水平与滞回环面积曲线

在上述研究的基础上，得到花岗岩在单轴和不同围压下峰值应力前循环次数与弹性能量指数的分布情况，见表 3-5。

表 3-5 峰值应力前循环次数与弹性能量指数分布

单轴（0MPa 围压）		1MPa 围压		10MPa 围压		20MPa 围压		30MPa 围压	
循环次数	W_{ET}	循环次数	W_{ET}	循环次数	W_{ET}	循环次数	W_{ET}	循环次数	W_{ET}
1	3.12	1	4.99	1	4.15	1	4.53	1	6.24
2	6.50	2	11.99	2	12.84	2	12.65	2	18.52
3	7.69	3	9.73	3	13.46	3	20.49	3	23.87
—	—	—	—	4	12.24	4	16.85	4	20.54
—	—	—	—	—	—	5	14.56	5	16.74
平均值	5.77	平均值	8.90	平均值	10.67	平均值	13.82	平均值	17.18

为了便于观察，同时以轴向应力水平为横坐标，弹性能量指数为纵坐标作图（图 3-23），并对数据进行拟合。弹性能指数越大说明岩石试样完整性越高，因此在加载过程岩样破坏所需集聚的能量也就越大，故发生冲击破坏的概率也越大。同时，根据应力指标 W_σ，得到弹性能量指数与冲击危险性应力指标的关系，如图 3-24 所示。

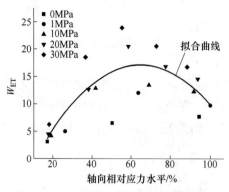
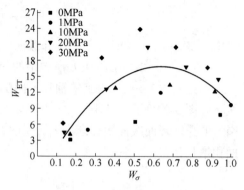

图 3-23　W_{ET} 随轴向相对应力水平的分布　　　　　图 3-24　W_{ET} 与 W_{σ} 的关系

　　研究表明，在单轴和不同围压循环加卸载条件下，随着应力水平的增加，弹性能量逐渐增加，但随着应力水平增加至 65% 左右时，弹性能量指数逐渐下降，说明岩石在加卸载过程中，岩石到达一定应力水平时，岩石发生重大损伤（岩石从弹性阶段向塑性阶段的转变），随着应力水平的继续增加，岩石发生冲击危险的可能性也逐渐增大，高围压下，相同应力水平下岩石集聚的能量要大于低围压下集聚的能量，发生冲击危险的可能性均要大于低围压水平，这与 3.4 节的结论一致。因此，当轴向应力水平达到 65% 左右时，花岗岩完全具备发生冲击的可能性，且围压越高，相同应力水平下岩石发生的冲击可能性也越大。结合文献［226，227］对岩石危险性与稳定性级别的划分（表 3-6）可以看出，本书的冲击性花岗岩的冲击危险性与稳定性级别能与其较好吻合。因此，认为冲击性花岗岩轴向应力水平为 65% 左右时，具有较高的冲击危险性，这一结论可为冲击性动力灾害的监测预测提供依据。

表 3-6　基于摩尔-库仑应力的岩石危险等级与稳定性级别划分[226,227]

摩尔-库仑应力	0~0.4	0.4~0.6	0.6~0.7	0.7~0.8	0.8~1.0
岩石冲击危险等级	低危险	较低危险	中高危险	较高危险	高危险
岩石稳定性级别	稳定	较稳定	中等稳定	较不稳定	不稳定

3.7　本章小结

　　岩石在不同应力状态下，发生的冲击危险性是不同的。本章基于单轴试验，判定了不同岩石的冲击倾向性，同时在单轴、三轴、循环加卸载试验的基础上，研究了冲击性岩石在不同围压和不同应力水平的冲击危险性，得到以下结论：

　　（1）在单轴压缩试验的基础上，采用动态破坏时间、冲击能量指数、强度脆性系数法及线弹性能量等评价指标对不同冲击倾向性岩石进行了评价。研究表明，在进行岩石冲击倾向性评价时，应尽量采用多种评价指标，综合评判岩石的冲击倾向性。

（2）随着围压的升高，岩石冲击指数 BIM 和屈服量逐渐增加，冲击能指数逐渐减小，岩石的冲击性逐渐降低，从而说明围压会降低岩石的冲击危险性。

（3）循环加卸载过程中，峰值应力前，总应变能量、弹性应变能及耗散能都随着循环次数增加而增大。随着围压的升高，岩石弹性应变能逐渐升高。加载初期岩石总应变能量、弹性应变能及耗散能均相差不大；随着轴向应力水平的增加，三者之间的差值越来越大，后期循环中弹性能量的急剧增加预示着岩石即将破坏。

（4）岩石损伤能量释放率与损伤变量之间呈现近线性关系，且随着围压的升高，能量释放率增高；高围压下，岩石集聚的能量越高，相应的发生的损伤越小。

（5）循环加卸载下，随着应力水平的增加，冲击性花岗岩的弹性能量指数先增加后减小。在轴向应力水平增加至 65% 左右时，弹性能量指数达到最大。综合比较分析得出花岗岩轴向应力水平为 65% 左右时，具有较高的冲击危险性，这一结论可为冲击性动力灾害的监测预测提供依据。

4 冲击性岩石加卸载扰动响应及声发射不可逆性特征

4.1 引言

地下工程中的岩体，尤其是深部岩体，主要受到的是地应力和开采扰动的双重作用。加卸载作用下的岩石，在各因子、各层间的相互作用下表现出的非线性特性与一般加载破坏表现出的特性不尽相同。加卸载响应比是基于非线性系统的加、卸荷之间的响应率比值，通过定量描述该系统偏离稳态或接近失稳程度的一种分析方法，对于岩体失稳的监测预报有着重要的指导意义。

此外，岩石受载过程中的声发射（AE）过程具有不可逆性，即其所受应力水平超过其之前所受过的最高应力水平时才释放出大量声发射，这一特性又称为岩石对受载历史的记忆性，也称声发射 Kaiser 效应。正是由于岩石声发射过程具备不可逆性特征，使得声发射方法在用于评价岩石原先所受损伤程度、揭示岩石历史受力水平等方面得到广泛应用，也一直是国内外研究的热点问题。通过研究冲击性岩石加卸载下损伤破坏全过程的声发射信号参数与岩石力学特征之间的关系，探究冲击性岩石在不同围压下不同应力水平的声发射不可逆性特征和岩石发生主破裂前夕的声发射信号频率特征信息，有助于进一步认识冲击倾向性岩石的损伤演化特征，对深入了解冲击性岩石破裂机制、预防因冲击动力破坏造成的灾害监测、预报也具有重要意义。

4.2 岩石加卸载响应比特征

加卸载响应比通常是指岩石损伤、破坏过程中应力 P 和某种响应参数 R 的变化比率，即 $\Delta P/\Delta R$。系统处于稳定时，$\Delta P/\Delta R$ 值也稳定；系统临近失稳或处于失稳状态，$\Delta P/\Delta R$ 值变化明显。通常响应参数 R 可以是岩石变形、弹性模量等参数，假设加、卸载响应率表示为：

$$X_{\pm} = \lim_{\Delta P \to \infty} \left(\frac{\Delta P}{\Delta R}\right)_{\pm} \tag{4-1}$$

同时，为定量化系统的失稳程度，引入加、卸载应变比的比值 Y：

$$Y = \frac{X_+}{X_-} \tag{4-2}$$

一般，在线性系统中，$X_+ = X_- = C$，相应地则有 $Y \approx 1$；而在非线性系统中，当 $Y \approx 1$ 时，系统基本处于稳定阶段；当 $Y > 1$ 时，系统偏离稳定；当 $Y \to \infty$ 时，系统处于失稳状态。岩石损伤破坏过程可看成是一个非线性的系统，因此，利用加卸载响应比进行岩石破裂失稳的预判往往可取得较好的效果。

4.2.1 试验对象及方案

试验设备为 GAW-2000 型岩石单轴电液伺服刚性试验机和沈阳计算机技术研究设计院设计生产的 AE21C 声发射检测系统，如图 4-1 所示。

图 4-1　AE21C 声发射检测系统

试验分为普通单轴压缩试验和单轴加卸载试验：

（1）单轴压缩试验。前期加载采用轴向应力控制，加载速率为 0.5~0.8kN/s，为保护试验机，待岩石进入屈服阶段后，转换成轴向变形控制方式，加载速率为 0.006~0.012mm/min。

（2）单轴加卸载试验。根据普通单轴试验单轴抗压强度结果，先设定在单轴抗压强度的 15%~90% 范围，当应力每增加抗压强度值的 10%~20% 时，卸载、加载一次，其中，卸载幅度根据轴向应力水平而定，一般取 5MPa 左右。岩石进入屈服阶段前，加卸载过程均采用轴向应力控制方式，加卸载速率为 0.5~0.8kN/s；当岩石完全进入屈服段后，改为轴向变形控制方式，加卸载速率为 0.006~0.012mm/min。图 4-2 和图 4-3 所示分别为典型单轴加卸载过程应力-声发射振铃计数随时间的变化和应力应变曲线。

试验对象为粉砂岩，取样自某煤矿，岩石平均取样深度 800m 以上，具有强冲击倾向性[255]。

4.2.2 基于声发射响应比特征分析

为便于计算分析，统计了不同轴向相对应力水平加、卸载过程累计声发射振

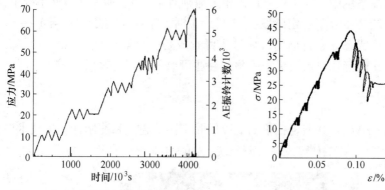

图 4-2　应力-声发射振铃计数随时间的变化　　　　图 4-3　应力应变曲线

铃计数，如图 4-4 所示。由图可知，在较低轴向相对应力水平，加卸载过程声发射振铃计数都比较少，尤其是卸载过程，声发射振铃计数几乎不出现；当轴向相对应力水平大于 60% 时，加卸载过程声发射振铃计数增加明显，且卸载过程声发射也开始明显增多。分析原因是由于岩石在初始加载时，岩石还未受到明显的损伤，因此加卸载过程未出现明显的声发射；当轴向应力水平加载至 60% 左右时，岩石已经出现明显的损伤，故卸载过程也会出现明显的声发射现象。轴向应力水平大于 90% 时，卸载过程的声发射振铃计数甚至已经超过了加载过程，这时岩石也濒临破坏，说明卸载过程声发射振铃计数的大量出现，可视为岩石发生主破裂的特征信息。

　　图 4-5 所示为相应的声发射响应比曲线，由图可知，在轴向应力水平小于 60% 之前，声发射响应比值基本维持在较低水平，没有大于 0.2 的；在轴向应力水平 60%~70% 左右时，声发射响应比值突然增加至 0.9 左右，结合前期累计声发射振铃计数随轴向应力水平变化分析结果可知，岩石在此处应该是发生了较大的损伤，因此声发射加卸载响应比值也出现较大的波动，但还没有到达 1，说明

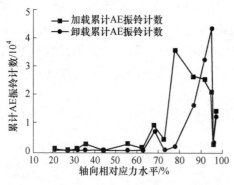

图 4-4　声发射铃计数随轴向应力水平的变化

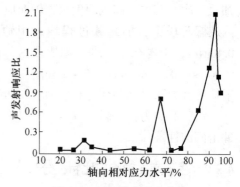

图 4-5　声发射响应比曲线

岩石"系统"还尚处于稳定阶段；轴向应力水平大于80%以后，声发射响应比值逐渐开始上升，当轴向应力水平为90%时，声发射响应比值已经到达1，说明此时岩石"系统"已经开始失稳，岩石即将发生主破裂，失去其最大承载能力。

4.2.3 基于弹性模量响应比特征分析

图4-6所示为加卸载过程弹性模量随轴向应力水平的变化规律，从图中可以看出，轴向应力水平小于50%以前，加卸载过程的弹性模量变化幅度均较小，且基本上是加载过程弹性模量要大于卸载模量，且二者之间差值不大；轴向相对应力水平到50%左右时，加卸载弹性模量均有显著上升，随着轴向应力水平的增加，二者的差值逐渐增大，且在轴向相对应力水平60%左右时，出现小幅度的回落；轴向应力水平超过60%时，加载过程弹性模量一直处于增大趋势；轴向相对应力水平超过70%时，卸载过程的弹性模量下降明显，分析原因是岩石逐渐进入到屈服破坏阶段，相对于加载过程，卸载过程的弹性模量无法恢复到轴向相对较低应力水平的情况。

图4-7所示为加卸载过程弹性模量响应比曲线，由图可知，在轴向相对较低应力水平时，弹性模量响应比曲线基本上在0.9~1.1附近徘徊，岩石"系统"基本处于稳定状态；轴向相对应力水平在60%左右时，有小幅度的升高，说明岩石"系统"已经开始出现失稳；随着轴向应力水平继续增加，弹性模量响应比值有小幅度的下降，当轴向应力水平达到70%左右时，弹性模量响应比值开始大幅度的增加，说明岩石"系统"已经处于濒临破坏状态；在接近峰值应力处时，弹性模量响应比值明显下降，分析原因是由于岩石自身损伤严重所致，岩石的临界敏感性降低，不能再表现出良好的加卸载特性。

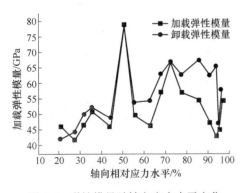

图4-6 弹性模量随轴向应力水平变化

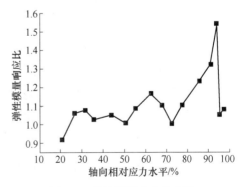

图4-7 弹性模量响应比曲线

4.2.4 基于变形响应比特征分析

图4-8所示为加卸载过程变形随轴向相对应力水平变化的曲线，从图中可以

看出，轴向相对较低应力水平，岩石的变形量相对比较稳定，轴向相对应力水平小于 30% 左右，变形量随着轴向相对应力水平的增加而增加，说明岩石是逐渐从初始压密到弹性阶段的过渡期；随着轴向应力水平继续增加，变形量逐渐有减小的趋势，也说明这个过程是岩石逐渐进入准弹性阶段的变化过程；当轴向应力水平达到 50%~60% 左右时，变形有小幅波动，说明岩石逐渐进入到弹性后阶段，可能出现失稳；轴向应力水平大于 70% 时，岩石的变形量迅速增加，进一步说明岩石开始出现较大的损伤，逐渐进入到屈服破坏阶段。

图 4-9 所示为相应的变形响应比曲线，从图中可以看出，轴向应力水平小于 60% 以前，变形响应比值基本保持在 1~1.05 左右，且随着轴向应力水平的增加，变形响应比值逐渐呈上升趋势；轴向应力水平 60%~70% 左右，出现了小幅度的波动，由前面的分析可知，岩石在这一阶段处于弹性阶段至塑性屈服破坏阶段的转化过程；轴向应力水平大于 80% 左右后，变形响应比值随着轴向应力水平的增加，逐渐呈现快速上升趋势，且在越接近破坏阶段，变形响应比值越大，进一步说明岩石进入到屈服破坏阶段，且损伤加速。

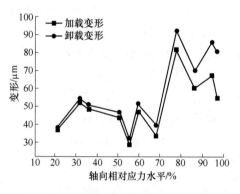
图 4-8　变形随轴向应力水平变化曲线

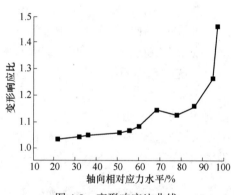
图 4-9　变形响应比曲线

综合研究结果表明，随着轴向应力水平的增加，岩石的声发射响应比、弹性模量响应比及变形响应比均表现出较为一致的规律，在临界失稳前，各因素响应比值均出现明显的上升，岩石"系统"出现失稳。而实际应用中，可通过这些因素响应比值的变化规律来监测预判岩体的稳定状态，且综合采用多种因素联合判别更有利于预判的准确性。

4.3　不同围压下岩石声发射不可逆性特征

4.3.1　试验加卸载方案和对象

试验对象为中等以上冲击性花岗岩。试验力学系统采用 TAW-2000 型岩石三轴电液伺服刚性试验机和 PCI-2 型多通道声发射检测仪（图 4-10）。

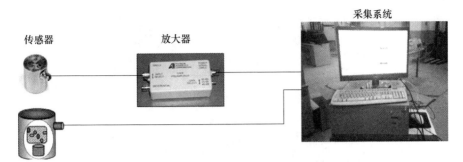

图 4-10　PCI-2 型声发射检测系统

PCI-2 型声发射检测系统是最新一代检测系统，具有高速、全数字、全波形、强抗干扰等特点，声发射检测卡具有 18 位 A/D 变换器，可进行 1kHz～3MHz 范围内的频率测量，实时显示声发射特征参数与波形参数。PCI-2 型声发射仪主要包括声发射检测卡硬件、数据采集软件、回放软件，操作简单，适用性强，可在 Win98/ME/2000/XP/7 等系统下运行，操作界面如图 4-11 所示。

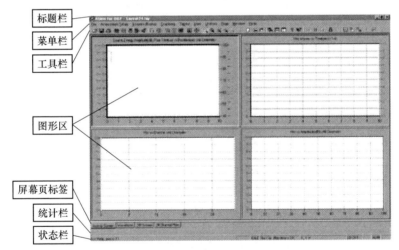

图 4-11　声发射 win 操作界面

试验测试系统如图 4-12 所示。试验加卸载方案见 3.6.1 节所述。

试验过程分别选用了 60kHz（为对比需要也称为低频通道）与 150kHz（为对比需要也称高频通道）两种不同谐振频率探头进行测试，声发射检测系统采样频率为 1MSPS，门槛值设为 35dB，前方增益 40dB。

4.3.2　不同围压下岩石力学特征

（1）各试件在不同围压（$\sigma_2 = \sigma_3$）下循环加卸载的轴向应力应变关系曲线如图 4-13 所示。从图中可看出尽管岩石受围压作用，但岩石受压破坏过程所经

图 4-12　试验测试系统

1—加载系统；2—自平衡压力室；3—声发射系统

历的初始压密、弹性、塑性和峰后破坏这几个阶段均能体现。其中，初始压密阶段和塑性阶段的持续时间都相对较短，且随着围压的继续升高，这两个阶段变得越来越不明显，说明在高围压作用下岩石变形得到了有效地抑制。

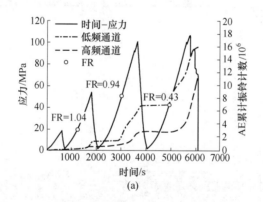

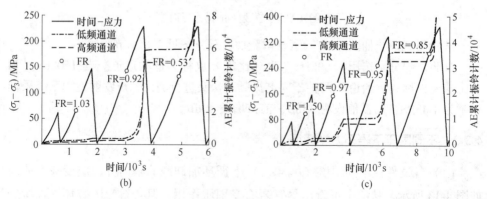

(b)　　　　　　　　　　　　　　　　(c)

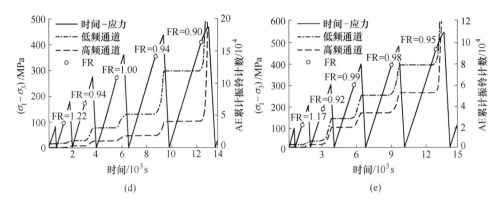

图 4-13 轴向应力、声发射累计振铃计数随时间变化

（a）试件 A（围压＝0MPa）；（b）试件 B（围压＝1MPa）；（c）试件 C（围压＝10MPa）；

（d）试件 C（围压＝20MPa）；（e）试件 D（围压＝30MPa）

（2）试验中围压效应较为明显，主要表现为岩石破坏前，随着围压的升高，岩石的弹性极限、变形和抗压强度均得到显著提升。

4.3.3 声发射基本参数特征

分析得到各试件在不同围压下的时间与应力、低频及高频通道的声发射累计振铃计数关系，如图 4-13 所示，其中左边纵坐标为轴向应力值（$\sigma_1-\sigma_3$）；右边纵坐标为高频和低频两个声发射通道的声发射累计振铃计数值；横坐标为时间；FR 值将在以下作进一步叙述。同时，为了对比需要，绘制了花岗岩在单轴循环加卸载过程的时间与应力、低频及高频通道的声发射累计振铃计数关系图。其中，左边纵坐标为轴向应力值；右边纵坐标为高频和低频两个声发射通道的声发射累计振铃计数值。

综合分析可知，在三轴试验过程中：

（1）无论围压大小，加载过程初期声发射振铃计数都相对稀少，说明花岗岩这种材料内部十分紧密，只是发生极其微小的破裂；进入弹性阶段后，声发射振铃计数相对增加，说明轴向应力水平的增大，使花岗岩产生了更大的破裂；卸载过程几乎不产生声发射或产生少量的声发射，这是由于轴向应力卸载后，原有的岩石裂隙重新闭合，同时在围压的作用下，出现不产生声发射或产生少量声发射的现象。

（2）轴向相对应力水平小于 30% 左右的加卸载过程中，低频通道中声发射振铃计数数量比高频通道中声发射振铃计数数量多出 1 倍以上；而随轴向应力水平的增加，低频通道与高频通道中声发射振铃计数数量的比值逐渐减小，且在轴向相对应力水平为 90% 左右的加卸载过程中，低频通道与高频通道中声发射振铃计数数量的比值接近 1。说明临近岩石主破裂阶段，高频通道中声发射振铃计数数量大幅增加。

（3）整个试验加卸载过程中均能明显观察到 Kaiser 效应和 Felicity 效应现象的存在，两种通道中接收到的声发射振铃计数整体变化趋势是基本相同的，因此，两种声发射通道揭示的 Kaiser 效应和 Felicity 效应规律也是基本一致的。

4.3.4　岩石声发射不可逆性特征

研究表明[256~258]，岩石所受历史最高应力水平超过相对峰值应力的某一应力水平时，声发射过程将丧失不可逆性（出现 Felicity 效应），说明岩石这类材料的声发射过程不可逆性是在一定范围内才有效的，具有明显的应力界限。岩石声发射试验中经常采用不可逆比 FR（Felicity Ratio）[259~261]来表征岩石记忆之前应力水平准确的能力。一般认为，当 FR≥1 时，判定 Kaiser 效应是严格有效的。考虑到试验误差，部分学者提出了当 FR 值≥0.9 时，可认为 Kaiser 效应依然有效[261]，FR 公式如下：

$$FR = \frac{P_{AE}}{P_{MAX}} \tag{4-3}$$

式中　P_{AE}——再加载大量声发射产生时所对应的应力值（即 Kaiser 点所对应应力值）；

　　　　P_{MAX}——历史所受最大应力。

本书采用 FR≥0.9 来评价 Kaiser 效应的有效性。在对 FR 值进行分析前，需先确定 Kaiser 点。结合以往张宁博等人[262,263]的研究方法，并考虑实际情况，本书在确定 Kaiser 点时采用以下应力-时间-计数联合准则：轴向应力增加时，声发射信号连续；轴向应力增加 10%的过程中，声发射振铃计数超过 20 个。当上述条件同时满足时，就认为恢复了有效的声发射，随即可确定 Kaiser 点。

结合图 4-13，得到 FR 值随轴向相对应力水平变化的曲线，FR 值随轴向相对应力水平的变化过程大致可分为 3 个阶段，具体如图 4-14 所示，其中纵坐标代表 FR 值，横坐标代表其轴向相对（峰值）应力水平。

（1）轴向相对应力水平小于 40%左右时，FR 值先是大于 1，然后逐渐下降至 0.9 左右，而后又上升。其表现出不同围压下的不可逆程度是不一样的，随着围压（$\sigma_2 = \sigma_3 = 10MPa$、20MPa、30MPa）升高，其声发射过程的不可逆性逐渐变得模糊（$FR_{10MPa} > FR_{20MPa} > FR_{30MPa}$）。分析原因，在轴向低应力水平阶段，虽轴压水平不高，但在相对较高的围压（>10MPa）作用下，岩石内部会出现非常微小的变形，故出现 $FR_{10MPa} > FR_{20MPa} > FR_{30MPa}$；但由于花岗岩其内部结构相对坚硬且紧密，几乎没有裂隙，故在围压不高的情况下，轴向低应力水平阶段不容易出现明显的开裂，因此声发射过程均表现出不可逆性。以围压为 1MPa 的试件 A 为特例，在基本接近单轴（0 围压）的情况下，$FR_{1MPa} > 1$，该阶段声发射过程表

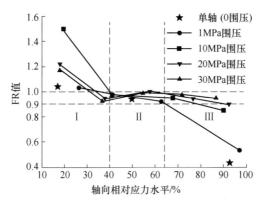

图 4-14 FR 值随轴向相对应力水平变化的曲线

现出良好的不可逆性。

在轴向低应力水平的往复循环加卸载下，岩石原先出现的微小变形、破裂被逐步压实、闭合，因此，FR_{10MPa}、FR_{20MPa}、FR_{30MPa} 的值逐渐增大，尤其以 FR_{20MPa}、FR_{30MPa} 较为明显。

（2）轴向相对应力水平大约在 40%～65% 范围内时，FR 值基本上接近 1，声发射过程表现出良好的不可逆性，Kaiser 效应有效。此时岩石基本上处于弹性阶段，虽然出现明显的声发射现象，但基本上是由于岩石内部裂纹稳定的开裂和扩展所致。

（3）轴向相对应力水平大于 65% 左右时，低围压下（1MPa），FR<0.9，声发射过程丧失不可逆性，Kaiser 效应失效，出现明显的 Felicity 效应；但高围压（围压大于 10MPa）下 Kaiser 效应失效现象越来越不明显，且围压越高，Kaiser 效应失效越缓慢。围压大于 20MPa 时，即使在轴向相对应力水平达到 90% 左右时，FR 值仍大于 0.9。按 FR 值的评价标准，Kaiser 效应依然有效。但实际上，岩石此时已经受损严重，应出现 Felicity 效应，只是在围压的作用下，轴向应力卸载过程原来出现的裂隙又重新闭合，而当轴向应力再次加载时，声发射过程表现出伪 Kaiser 效应。

由以上分析可以看出，花岗岩 Kaiser 效应存在明显的应力上限，其上限值为极限强度 65% 左右。而高围压会对较高应力水平（大于轴向相对应力水平 65% 左右）Felicity 效应的评价产生影响。采用 Kaiser 效应作为三轴压缩条件下岩石损伤和破坏的评价时需谨慎。

4.3.5 岩石主破裂前 Kaiser 点频谱特征信息

4.3.5.1 岩石 Kaiser 点频谱特征

声发射波形信号的各个组成部分可由各频段的谱能量来表明，许多在时域难以显现的问题, 都可通过频域谱进行辨认[264]。FFT (快速傅氏变换) 是由 DFT (离散傅氏变换) 改进的一种快速算法。假设 $x(t)$ 为一个声发射波形信号的原始序列, FFT 算法实际上就是把整个序列进行多次分选抽取再组合, 最终经过 FFT 变换后的信号为:

$$X(w) = \int_{-\infty}^{\infty} X(t) e^{-iwt} dt \qquad (4-4)$$

功率谱 $p(w)$ 是反映信号能量 (功率) 随着频率的变化情况, 揭示信号功率在频域的分布状况, 并可突出信号频谱图中的主频率, 可用 $X(w)$ 及其负共轭 $X'(w)$ 表示为

$$p(w) = \frac{1}{T} X(w) X'(w) \qquad (4-5)$$

FFT 逆变换可去除噪声信号中的频率, 得到消噪后的信号:

$$X(t) = \frac{1}{2\pi} \int_{-\infty}^{\infty} X(w) e^{iwt} dw \qquad (4-6)$$

为了降低噪声对声发射波形信号的干扰, 本书对 Kaiser 点声发射信号均进行 FFT 逆变换处理。图 4-15~图 4-18 所示分别为围压为 1MPa, 岩石轴向应力水平

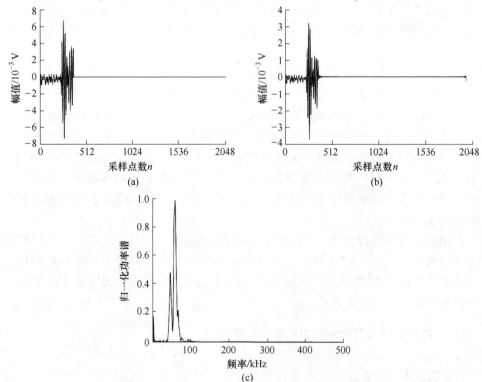

图 4-15 低频通道 Kaiser 点声发射信号 (轴向相对应力水平 63.67%)

(a) 原始信号; (b) 消噪后信号; (c) 消噪后信号功率谱图

相对峰值应力为 63.67% 和 99.99% 时，高、低两种不同频率的通道中 Kaiser 点声发射原始信号、消噪后信号的功率谱图及主频分布情况。低频通道测试结果（图4-15、图 4-16）表明，虽然 Kaiser 点声发射信号频率成分丰富，但其谱能量主要还是集中在 0~130kHz 左右；而高频通道结果（图 4-17、图 4-18）表明，Kaiser 点声发射信号谱能量主要集中在 60~220kHz 左右。

信号测试分析中，"相关性"通常用于描述两个信号 (x, y) 变量之间的函数关系，可用相关系数 ρ_{xy}（correlation coefficient）表示：

$$\rho_{xy} = \frac{\sigma_{xy}^2}{\sigma_x \sigma_y} = \frac{E[(x - u_x)(y - u_y)]}{\sqrt{E[(x - u_x)]^2 E[(y - u_y)]^2}} \tag{4-7}$$

式中，ρ_{xy} 的取值在 $-1 \sim 1$ 之间。

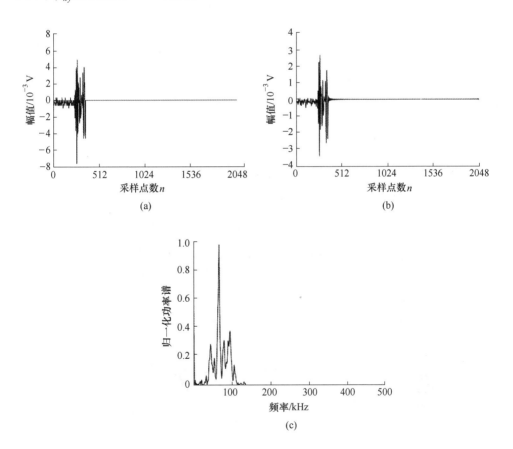

(a)　　　　　　　　　　　　　　　(b)

(c)

图 4-16　低频通道 Kaiser 点声发射信号（轴向相对应力水平 99.99%）

（a）原始信号；（b）消噪后信号；（c）消噪后信号功率谱图

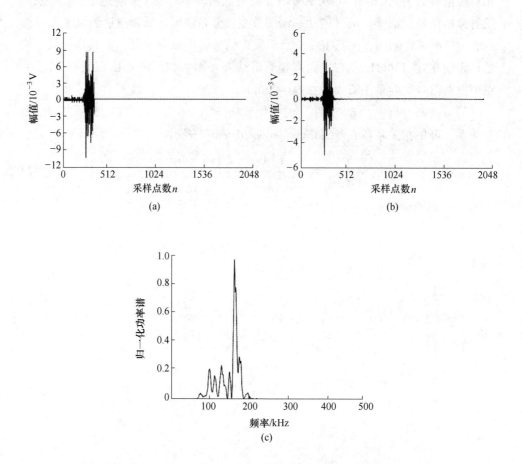

图 4-17　高频通道 Kaiser 点声发射信号（轴向相对应力水平 63.67%）

（a）原始信号；（b）消噪后信号；（c）消噪后信号功率谱图

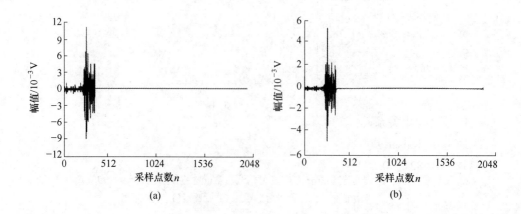

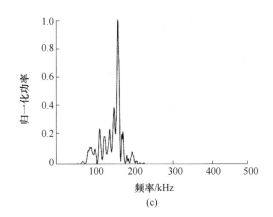

图 4-18 高频通道 Kaiser 点声发射信号（轴向相对应力水平 99.99%）
(a) 原始信号；(b) 消噪后信号；(c) 消噪后信号功率谱图

一般，当 $\rho_{xy}=0$ 时，称 x 与 y 不相关；当 $|\rho_{xy}|=1$ 时，称 x 与 y 完全相关，且二者之间具有线性函数关系；当 $0.8 \leqslant |\rho_{xy}| \leqslant 1$ 时，称 x 与 y 高度相关；当 $|\rho_{xy}| \leqslant 0.3$ 时，与 x 与 y 低度相关，其他时候为中度相关。

经计算得到：

（1）当围压为 1MPa 时，声发射低频通道中 Kaiser 点声发射初始信号与消噪后信号之间的相关系数分别为 0.9965、0.9742、0.9618；而声发射高频通道中 Kaiser 点声发射初始信号与消噪后信号之间的相关系数分别为 0.9638、0.9025、0.9214。

（2）当围压为 10MPa 时，声发射低频通道中 Kaiser 点声发射初始信号与消噪后信号之间相关系数分别为 0.9589、0.9810、0.9563、0.9817；而声发射高频通道中 Kaiser 点声发射初始信号与消噪后信号之间的相关系数分别为 0.9403、0.9669、0.9098、0.8883。

（3）当围压为 20MPa 时，声发射低频通道中 Kaiser 点声发射初始信号与消噪后信号之间相关系数为 0.9836、0.9851、0.9825、0.9738、0.9717；而声发射高频通道中 Kaiser 点声发射初始信号与消噪后信号之间的相关系数分别为 0.9245、0.8794、0.9375、0.8188、0.8142。

（4）当围压为 30MPa 时，声发射低频通道中 Kaiser 点声发射初始信号与消噪后信号之间相关系数为 0.9888、0.9823、0.9911、0.9820、0.9843；而声发射高频通道中 Kaiser 点声发射初始信号与消噪后信号之间的相关系数分别为 0.8434、0.9821、0.9711、0.9328、0.9357。

以上结果表明，消噪后的声发射信号与原始信号是高度相关的，即利用 FFT 逆变换法能有效地去除岩石声发射中的噪声信号。

4.3.5.2　岩石主破裂前 Kaiser 点主频特征

为了便于观察花岗岩试件在不同围压条件下，不同轴向应力水平出现的
Kaiser 点主频分布特征及规律，以 Kaiser 点主频值为纵坐标，轴向相对应力水平
作为横坐标作图，并进行数据拟合，得到两个频率通道测试结果，如图 4-19
所示。

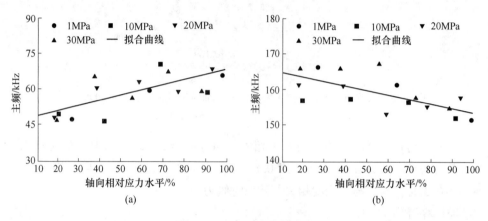

图 4-19　Kaiser 点主频分布
（a）低频通道；（b）高频通道

研究结果表明，Kaiser 点主频特征的变化趋势基本不受围压的影响而改变。
采样频率为 1MSPS 时，在低频通道中，Kaiser 点主频值范围为 46.39~70.80kHz，
随着轴向应力水平的增加，其整体变化趋势为由较低频转向较高频；而在高频通
道中，Kaiser 点的主频值范围为 151.37~166.99kHz，随着轴向应力水平的增加，
其整体变化趋势为由较高频转向较低频。Kaiser 点的主频特征及变化规律，为岩
石发生主破裂前提供了重要的特征信息。在利用 Kaiser 效应进行三轴压缩下岩石
损伤破坏的评价时，若结合上述 Kaiser 点主频特征及变化规律，将有助于进一步
消除误差。

4.4　本章小结

（1）对冲击性粉砂岩进行了单轴加卸载扰动声发射试验，研究了声发射、
弹性模量及变形响应比值随轴向相对应力水平的变化规律。研究结果表明，岩石
发生主破裂前（临界失稳状态），三者的数值均由原来的较小值向较大值变化。
在实际工程应用中，可充分利用这些响应比值的变化规律特征来监测预测岩体的
稳定状态；同时，综合利用多种因素响应比值变化规律进行联合预判，可以提高
预测的准确性。

（2）对冲击性花岗岩在不同围压下的循环加卸载声发射试验进行分析，高低两种频率的声发射通道中声发射累计振铃计数、岩石应力与时间都形成良好的对应关系。两种通道中接收到的累计声发射振铃计数整体变化趋势基本相同，故所揭示的 Kaiser 效应和 Felicity 效应规律基本一致。主要区别在于，两种通道中声发射振铃计数数量上的不同。

（3）对冲击性花岗岩进行了围压为 1MPa、10MPa、20MPa、30MPa 的加卸载试验，试验结果表明，围压对 Kaiser 点主频变化趋势变化规律的影响并不明显。到达岩石峰值应力前，随着轴向应力水平的增加，低频通道中 Kaiser 点主频整体变化趋势由较低频向较高频转移，其值主要分布在 46.39～70.80kHz 范围内；高频通道中主频整体变化趋势由较高频向较低频转移，其值主要分布在 151.37～166.99kHz 范围内。

（4）冲击性花岗岩 Kaiser 效应存在明显的应力上限，其上限值为极限强度的 65% 左右。高围压会对较高应力水平 Felicity 效应的评价产生影响。采用 Kaiser 效应作为三轴压缩条件下岩石损伤和破坏的评价时需谨慎，结合上述 Kaiser 点主频特征规律，将有助于减少因高围压引起的误差，也可为进一步认识岩石损伤和破坏机制提供依据。

5　冲击性岩石声发射 Kaiser 点信号频段及分形特征

5.1　引言

研究表明[262,263]，岩石在反复加卸载过程中存在明显的 Kaiser 效应。岩石 Kaiser 效应，是指岩石加载应力水平超过其之前最高应力水平后，释放大量声发射（AE）的现象；而当其历史最高应力水平超过其峰值应力 60%～70% 左右[263,265]时，此时重新加载到达原先所加最大载荷之前会产生的大量声发射现象，通常称为 Felicity 效应。无论岩石是出现 Kaiser 效应还是 Felicity 效应，都有一个从少量产生声发射到大量产生声发射的转折点，以下统称为 Kaiser 点。这些点的准确识别，有助于进一步提高判别岩石 Kaiser 效应与 Felicity 效应精准程度，从而为揭示岩石原先所受损伤的严重程度及其受力历史水平的评价提供有效依据，并对进一步认识冲击性岩石的损伤破坏机制具有重要意义。

目前，Kaiser 点的参数识别方法有两种：一是根据声发射参数[266,267]、声发射累计参数[256,257,268,269]与时间或应力关系曲线的某个急剧增加点；二是通过应力和计数等准则来判定恢复大量声发射，从而确定 Kaiser 点[262,263]。研究表明，并非所有的岩石声发射关系曲线的"拐点"都会十分明显[258]，因此方法一在 Kaiser 点的识别方法中并不完全适用；而在方法二中，对声发射"明显增多"如何界定也尚无统一标准，只能根据经验来判断。由于岩石声发射信号往往是瞬息万变的，为典型的非平稳信号，故基本靠人工识读的传统 Kaiser 点参数识别方法，易造成较大误差。与参数分析法相比，声发射波形分析则包含了更多信息，能更准确地揭示声发射信号特征，尤其是小波包分析法，它能有效滤除噪声信号，并为降噪后的波形信号提供更加精细的分析方法。近几十年来，声发射波形分析法在岩石力学研究领域发挥着重要作用[270~276]。如赵奎等人[276]利用小波包频段分解法研究了单轴压缩条件下砂岩 Kaiser 效应点的频段特征，为波形分析识别 Kaiser 效应点提供了依据。

上述研究中使得人们对 Kaiser 点特征及其识别方法上有了一定的认识，但大多采用了单轴压缩或单一的声发射检测频率通道进行研究。通常在进行岩石声发射试验时，大都是根据岩石损伤破坏过程中的典型优势频率，选择相应优势频率的声发射传感器进行测试分析。然而，由于岩石材料内部的不均匀性，导致其的受力破坏过程是一个复杂的演化过程，所释放出声发射信号的优势频率也是复杂多变的。因此，如果只针对某一固定频段或优势频率进行检测，即便是将检测频段设置得很宽，也往往会因检测频率的不匹配而遗漏掉岩石声发射信号中的一些重要信息[271,278]。故有必要同时选取不同频率的通道进行测试分析，从而提高通过声发射技术判别和预测岩石损伤破坏的准确性和可靠性。岩石在真实环境中往往存在围压作用，三轴压缩的试验条件，更接近岩石所处的真实环境[170,171,278]。

综上所述，本章以冲击性花岗岩为研究对象，采用两种不同频率的声发射检测通道，进行不同围压下的循环加卸载声发射试验。先采用应力-时间-计数准则得到 Kaiser 点，然后运用小波包频段分解法对 Kaiser 点及其相邻点的声发射信号频段能量特征进行研究；最后结合 G-P 算法，研究并分析这些点的声发射能量关联维数特征。这一研究方法也可弥补当单一采用参数分析法研究岩石声发射时，未能利用声发射的全部信息对声发射信号特征进行研究的不足[276]，有助于更精确地识别岩石 Kaiser 点，也为进一步揭示冲击性岩石的损伤破坏机制提供依据。

5.2 岩石声发射试验

试验力学系统采用 GAW-2000 型岩石单轴电液伺服刚性试验机、TAW-2000 型岩石三轴电液伺服刚性试验机和 PCI-2 型多通道声发射检测仪。试验加载方案如 3.6.1 节所述，声发射检测系统设置如 4.3.1 节所述，试验过程使用了 60kHz 和 150kHz 两种频率的声发射通道。

5.3 基于小波包分解法分析 Kaiser 点信号频段特征

5.3.1 Kaiser 点的确定

Kaiser 点的确定方法已在第 4 章中叙述，此处不再赘述。其中，各试件在不同围压下时间与应力、低频及高频通道的声发射累计振铃计数关系如图 4-13 所示。研究结果表明，两种不同频率的声发射通道中，接收到的声发射振铃计数数量有差别，但整体变化趋势相同，故 Kaiser 点出现的位置也是基本相同的。

5.3.2 小波包频段分解

小波包分析在信号处理方面有着其独特的优势，它不但能对信号的低频部分进行分解，并可同时对高频部分进行二次分解。相对于小波分析而言，小波包分解法能根据信号的特征自适应选择与信号频谱相匹配的频段，能有效地滤除噪声信号，并为降噪后的波形信号提供更加精细的分析方法。

对于一个简单的离散信号而言，可分解为以图 5-1 为例的小波包分析树。

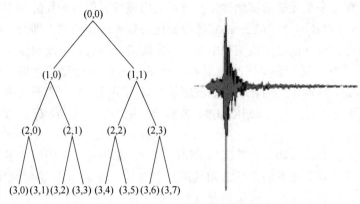

图 5-1　小波包 3 层分解结构示意图

小波包分解具有如下关系：

$$S = AAA3 + DAA3 + ADA3 + DDA3 + AAD3 + DAD3 + ADD3 + DDD3$$

$$(5\text{-}1)$$

式中　A——低频信号；

　　　D——高频信号。

笔者通过基于 MATLAB 自带小波包对 Kaiser 点及其相邻点的声发射信号进行频段分解，根据声发射采集系统采样频率为 1MSPS，得到其奈奎斯特（Nyquist）频率为 500kHz。再利用 db3 小波将声发射信号分解到第 3 层，分别提取 8 个频段，各频段长度为 62.5kHz。

由于小波包分解后的频段分布不按自然数递增排列，因此，作者对 db3 小波 3 层分解的信号频段按大小顺序重新排序[276]。图 5-2 所示为 1MPa 围压下试件轴向相对应力水平（Kaiser 点对应的历史所受轴向最大应力与峰值应力的比值）为 26.42% 时，低频通道中 Kaiser 点声发射原始信号波形。

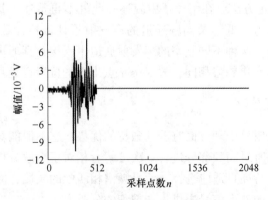

图 5-2　Kaiser 点声发射信号原始波形

5.3.3　各频段能量特征

将声发射信号分解到第 3 层，设 $S_{3,j}$ 所对应的能量为 $E_{3,j}$，则有：

$$E_{3,j} = \int |S_{3,j}(t)|^2 dt = \sum_{k=1}^{N} |x_{j,k}|^2 \tag{5-2}$$

式中，$x_{j,k}(j = 0, 1, \cdots, 2^3-1; k = 1, \cdots, N$，其中，$N$ 为声发射信号离散采样点数）为重构信号 $S_{3,j}$ 的离散点幅值，设被分析信号能量的总能量为 E_o，则：

$$E_o = \sum_{j=0}^{2^3-1} E_{3,j} \tag{5-3}$$

各频段的能量占被分析信号总能量比例为：

$$E_j = E_{3,j} / E_o \tag{5-4}$$

由式(5-2)~式(5-4)可以得到分解后的声发射信号各频段能量分布特征。以下为叙述方便，将 0~500kHz 等分为 8 个频段 0~62.5kHz，62.5~125kHz，…，437.5~500kHz，并分别记为频段 1、频段 2、……、频段 8。

5.3.4　Kaiser 点及相邻点能量分布规律

表 5-1 和表 5-2 分别是 1MPa 围压下试件轴向相对应力水平为 26.42% 时，Kaiser 点及其相邻点的声发射信号不同频段能量百分比分布，为便于观察，同时以横坐标为各频段对应的标号，纵坐标为各频段能量所占总能量的百分比作图（图 5-3）。在低频通道取得 Kaiser 点与其相邻点 8 个（P_1~P_8），在高频通道取得 Kaiser 点与其相邻点 6 个（P_1~P_6）。两种通道测试结果表明，花岗岩声发射信号分布在 0~500kHz 内，高、低频通道中高频部分能量都集中在 0~250kHz、312.5~500kHz 中，分别占总能量的 97% 和 98% 以上。但在相同频段内的能量分布各不相同，从而也印证若只使用一种频率的通道进行检测，将会遗漏掉部分重要特征信息[277]。而此时采用不同频率通道进行测试，可进一步提高测试结果的准确性和可靠性。

表 5-1　低频通道 Kaiser 点及相邻点声发射信号不同频段能量百分比　　（%）

频段范围 /kHz	Kaiser 点及相邻点							
	P_1	P_2	P_3	P_4	P_5	P_6	P_7	P_8
0~62.5	26.05	29.35	36.74	48.18	28.84	33.55	34.07	26.87
62.5~125	28.26	37.34	33.35	28.47	35.15	36.05	33.37	33.79
125~187.5	10.78	8.35	7.33	4.05	8.17	6.13	7.92	7.21
187.5~250	15.53	14.35	12.22	13.15	15.80	13.22	13.85	18.63
250~312.5	1.20	0.79	1.07	0.98	1.00	1.35	0.74	0.72

频段范围 /kHz	Kaiser 点及相邻点							
	P_1	P_2	P_3	P_4	P_5	P_6	P_7	P_8
312.5~375	2.73	2.12	2.12	2.10	2.82	2.16	2.04	2.80
375~437.5	11.14	4.72	4.66	1.35	4.29	4.50	5.16	6.65
437.5~500	4.32	2.98	2.51	1.74	3.93	3.04	2.84	3.34

表 5-2　高频通道 Kaiser 点及相邻点声发射信号不同频段能量百分比　（%）

频段范围 /kHz	Kaiser 点及相邻点					
	P_1	P_2	P_3	P_4	P_5	P_6
0~62.5	4.36	5.08	5.24	4.31	7.62	3.47
62.5~125	20.75	23.52	21.69	20.15	23.57	18.06
125~187.5	9.56	12.00	15.03	13.15	11.00	16.81
187.5~250	30.42	29.34	32.45	36.27	32.73	22.03
250~312.5	2.29	1.83	1.07	1.46	1.74	1.76
312.5~375	7.50	5.67	5.50	4.96	5.18	10.95
375~437.5	13.18	10.78	8.04	8.69	7.38	14.17
437.5~500	11.95	11.78	10.98	11.02	10.79	12.75

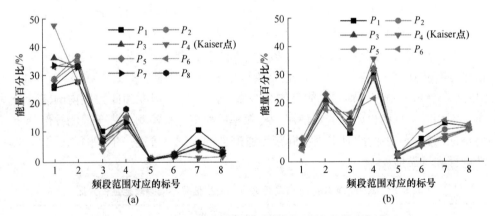

图 5-3　Kaiser 点及相邻点的声发射信号不同频段能量百分比

（a）低频通道；（b）高频通道

　　对于低频通道而言，Kaiser 点及其相邻点在频段 1（0~62.5kHz）和频段 2（62.5~125kHz）共占总能量的 54.31%~76.65%；高频通道中，Kaiser 点及其相邻点在频段 2（62.5~125kHz）和频段 4（187.5~250kHz）共占总能量的 51.16%~56.42%。由此可见，无论是高频通道还是低频通道，都存在两个特殊的频段，这两个频段所占能量比重均显著高于其他 6 个频段，因此可用来表征 Kaiser 点的特征频段。为验证特征频段的可靠性，引入声发射关联分维数。

5.4 岩石声发射 Kaiser 点信号分形特征

5.4.1 声发射能量分形维计算

岩石声发射信号中的基本参数可视为一个单变量的时间序列集，可能具有明显的分形特征。而关联维数是分形理论中最常用的一个表征分形特征的分形维数。为研究岩石声发射信号的分形特征，根据嵌入理论与重构相空间理论[279~282]，可从声发射信号时间序列直接计算关联维数。将每一个岩石声发射信号中的基本参数作为研究对象，则声发射基本参数序列都对应一个容量为 n 的序列集 $X = \{x_1, x_2, \cdots, x_n\}$。

研究表明，单轴压缩下 Kaiser 效应点具有明显的分形特征，且其声发射信号幅值（能量）关联维数要小于相邻点[276]。按文献［279］介绍的 G-P 关联维数计算方法，本节对不同围压条件下不同应力水平的 Kaiser 点及其相邻点的声发射信号幅值均进行关联维数计算，研究声发射信号的分形特征。

具体操作如下：

（1）以每一个声发射信号波形幅值为研究对象，得到容量为 n 的序列集：

$$X = \{x_1, x_2, \cdots, x_n\} \tag{5-5}$$

由于每个声发射波形文件都具有 2048 个点，因此式（5-5）中取 $n = 2048$。

（2）选取嵌入维数 m 和延迟时间 τ，构造一个 m 维的欧氏空间，得到 N 个 m 维的相点：

$$X_n(m, \tau) = (x_n, x_{n+\tau}, \cdots, x_{n+(m-1)\tau}) \quad (n = 1, 2, 3, \cdots, N_m) \tag{5-6}$$

式中，$\tau = k\Delta t$ 为固定时间间隔，Δt 为邻近两次采样时间间隔，k 为常数；$N_m = N - (m - 1)\tau$。

（3）最后，计算这些相点的关联维数：

$$C(r) = \lim_{N \to \infty} \frac{1}{N^2} \sum_{i=1}^{N} \sum_{j=1}^{N} H(r - |X_i - X_j|) \tag{5-7}$$

式中，H 为 Heaviside 函数，$H(u) = \begin{cases} 0, & \text{当 } u < 1 \\ 1, & \text{当 } u \geq 1 \end{cases}$；$r$ 为量测尺度，当 r 很小时，式（5-7）逼近式（5-8），可求得一系列的点，如果这些点为直线，则认为此声发射能量参数在给定的 r 范围内具有明显分形特征。

$$\ln C_m(r) = \ln C - D(m) \times \ln r \tag{5-8}$$

最终，相应的关联维数可表达为：

$$D(m) = -\lim_{r \to 0} \frac{\partial \ln C_m(r)}{\partial \ln r} \quad\quad (5\text{-}9)$$

以试件 B 为例，计算得到相空间维数与关联维数的关系如图 5-4 所示。分析表明，嵌入维数 m 的取值对声发射关联分维 D 值有较大影响，m 取值逐渐增大时，D 值趋于相对稳定，此时的 $m_{\min}$ 可确定为 m 取值。由图 5-4 可知相空间维数大于 4 时，关联维数趋于稳定。因此，最终对 m 取值 4，Δt 取值 4，k 取值 15。在计算不同应力水平上分维数变化时，都取相同的 m 值[276,279]。

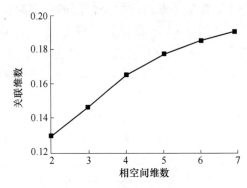

图 5-4　相空间维数与关联维数关系曲线

5.4.2　声发射分维值结果综合分析

图 5-5~图 5-8 分别为试件 B 轴向相对应力水平 63.67% 和 99.99% 时，低频、高频通道中 Kaiser 点及相邻点声发射信号的相空间维数与关联维数关系曲线计数结果。结果表明，各点的线性回归直线与原始数据的相关系数 R 均大于 0.91，说明岩石声发射过程释放的能量具有明显的分形特征，同时每个点的关联维数 D 值都不相同，也说明岩石声发射过程释放的能量值的自相似程度也不相同[276]。

为了便于观察 Kaiser 点及相邻点的特征频段与声发射信号能量关联维数关系，分别作出特征频段所占总能量百分比与关联分维数 D 值，如图 5-9~图 5-25 所示。

以 1MPa 围压为例，低频通道结果（图 5-9~图 5-11）表明，花岗岩在 1MPa 围压下，轴向相对应力水平为 63.67%（图 5-10）时，Kaiser 点特征频段 1（0~62.5kHz）所占能量百分比 45.61%，均高于其他相邻点，且其关联维数值最小，表明其有序度较高。因此得到了声发射信号（幅值）能量关联维数值最小及其在特征频段具有最高能量占比同时满足，为 Kaiser 点的判别依据。故频段 1（0~62.5kHz）可作为轴向相对应力水平 63.67% 时，Kaiser 点声发射信号能量分布的特征频段；而当轴向相对应力水平 99.99%（图 5-11）时，Kaiser 点（关联维数值最小的 5 号点）在频段 1（0~62.5kHz）中已不再是能量最高占比，而此

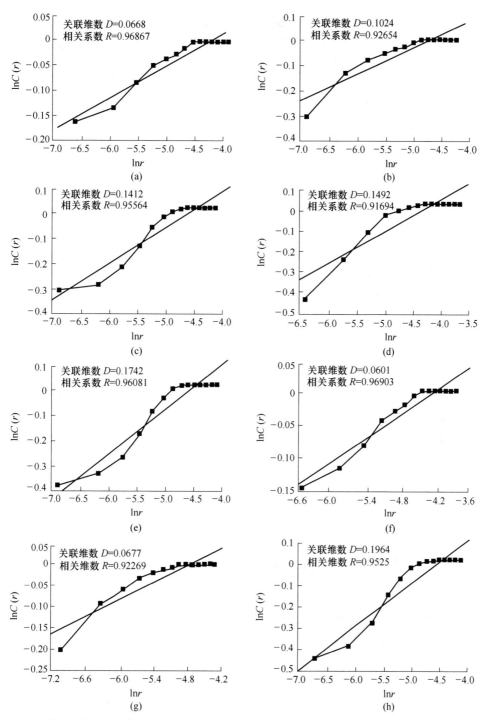

图 5-5 低频通道 Kaiser 点及相邻点相空间维数与关联维数关系曲线（轴向相对应力水平 63.67%）

（a）~（h）1 号点~8 号点

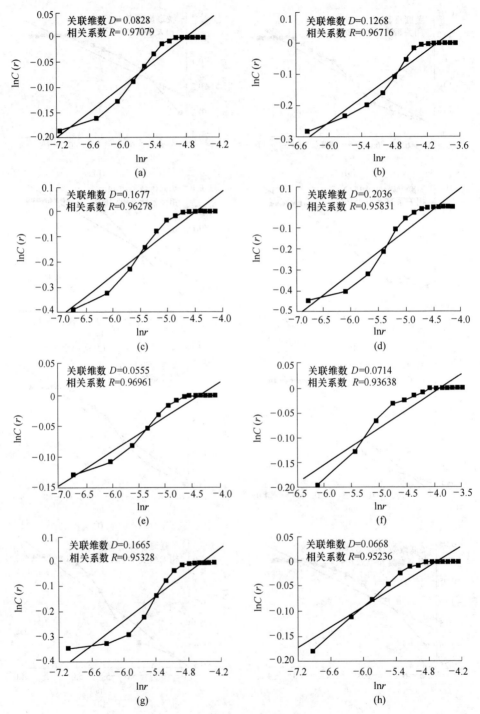

图 5-6　低频通道 Kaiser 点及相邻点相空间维数与关联维数关系曲线（轴向相对应力水平 99.99%）

（a）～（h）1 号点~8 号点

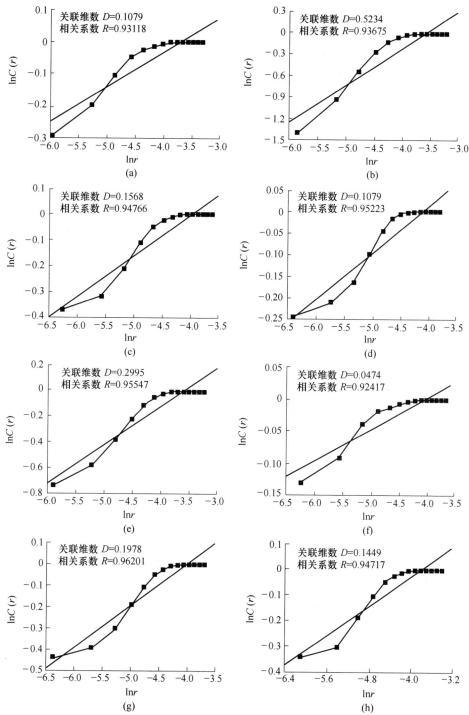

图 5-7 高频通道 Kaiser 点及相邻点相空间维数与关联维数关系曲线（轴向相对应力水平 63.67%）

（a）~（h）1 号点~8 号点

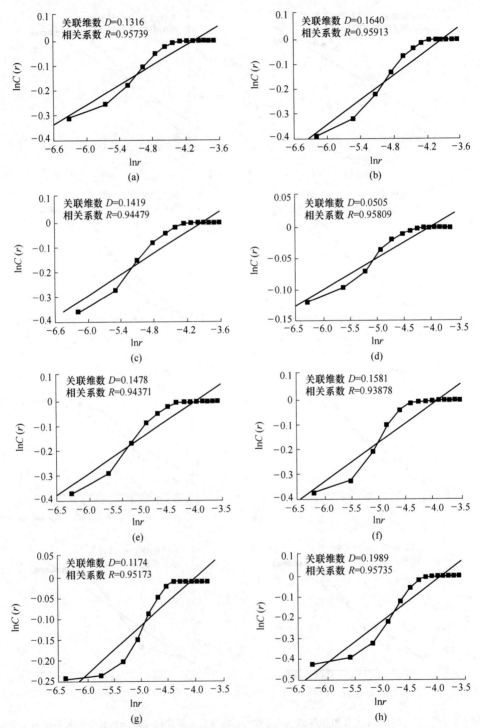

图 5-8　高频通道 Kaiser 点及相邻点相空间维数与关联维数关系曲线（轴向相对应力水平 99.99%）

(a)　~　(h) 1 号点~8 号点

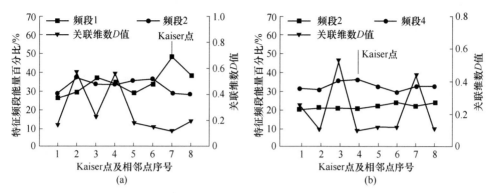

图 5-9　1MPa 围压下 Kaiser 点及相邻点特征频段与关联维数分布（相对应力 26.42%）

（a）低频通道；（b）高频通道

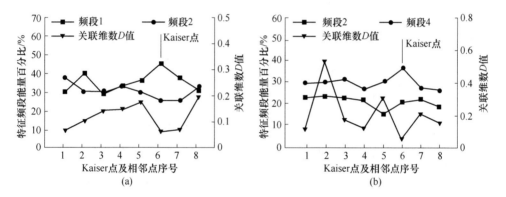

图 5-10　1MPa 围压下 Kaiser 点及相邻点特征频段与关联维数分布（相对应力 63.67%）

（a）低频通道；（b）高频通道

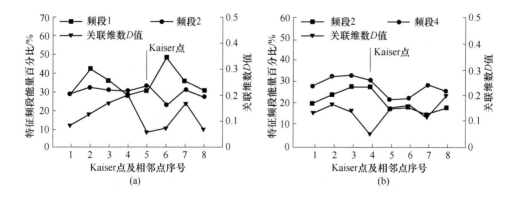

图 5-11　1MPa 围压下 Kaiser 点及相邻点特征频段与关联维数分布（相对应力 99.99%）

（a）低频通道；（b）高频通道

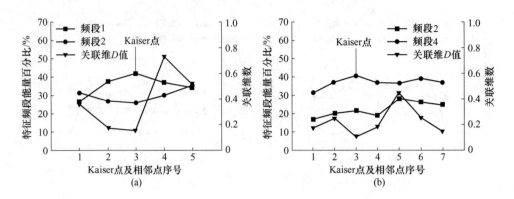

图 5-12　10MPa 围压下 Kaiser 点及相邻点特征频段与关联维数分布（相对应力 19.15%）
(a) 低频通道；(b) 高频通道

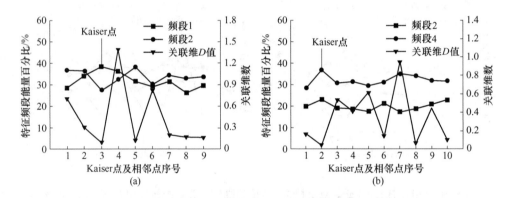

图 5-13　10MPa 围压下 Kaiser 点及相邻点特征频段与关联维数分布（相对应力 41.86%）
(a) 低频通道；(b) 高频通道

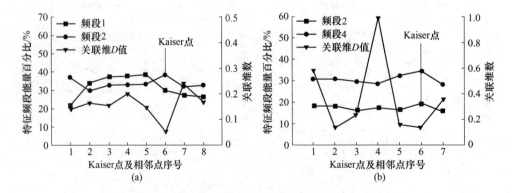

图 5-14　10MPa 围压下 Kaiser 点及相邻点特征频段与关联维数分布（相对应力 69.06%）
(a) 低频通道；(b) 高频通道

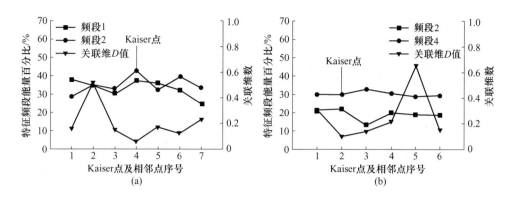

图 5-15 10MPa 围压下 Kaiser 点及相邻点特征频段与关联维数分布（相对应力 91.72%）

(a) 低频通道；(b) 高频通道

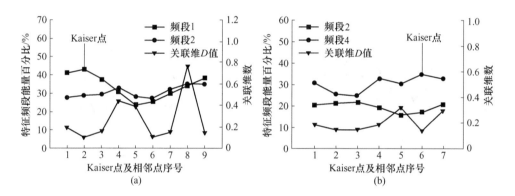

图 5-16 20MPa 围压下 Kaiser 点及相邻点特征频段与关联维数分布（相对应力 17.51%）

(a) 低频通道；(b) 高频通道

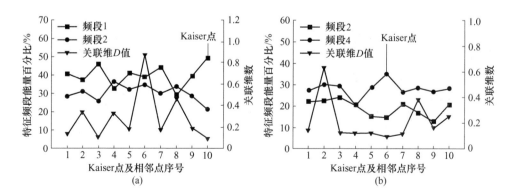

图 5-17 20MPa 围压下 Kaiser 点及相邻点特征频段与关联维数分布（相对应力 38.32%）

(a) 低频通道；(b) 高频通道

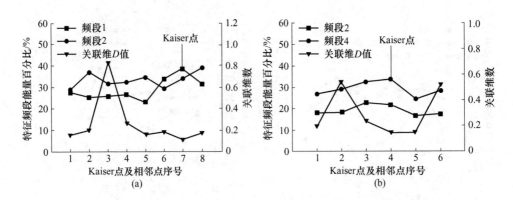

图 5-18　20MPa 围压下 Kaiser 点及相邻点特征频段与关联维数分布（相对应力 58.70%）

（a）低频通道；（b）高频通道

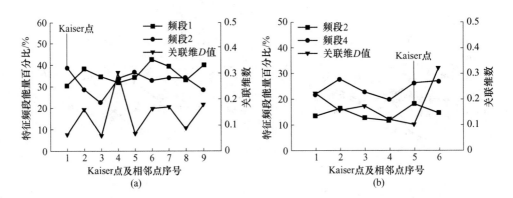

图 5-19　20MPa 围压下 Kaiser 点及相邻点特征频段与关联维数分布（相对应力 77.59%）

（a）低频通道；（b）高频通道

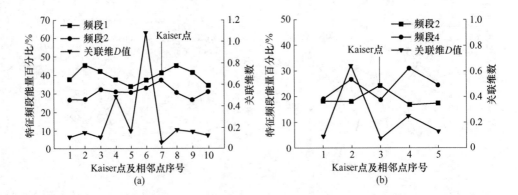

图 5-20　20MPa 围压下 Kaiser 点及相邻点特征频段与关联维数分布（相对应力 93.65%）

（a）低频通道；（b）高频通道

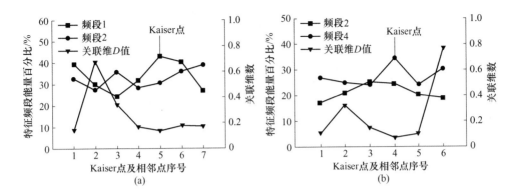

图 5-21 30MPa 围压下 Kaiser 点及相邻点特征频段与关联维数分布（相对应力 18.03%）

（a）低频通道；（b）高频通道

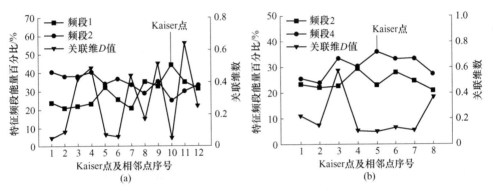

图 5-22 30MPa 围压下 Kaiser 点及相邻点特征频段与关联维数分布（相对应力 36.87%）

（a）低频通道；（b）高频通道

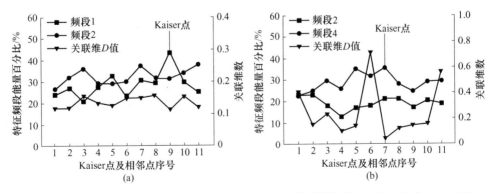

图 5-23 30MPa 围压下 Kaiser 点及相邻点特征频段与关联维数分布（相对应力 55.46%）

（a）低频通道；（b）高频通道

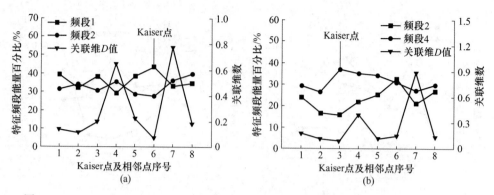

图 5-24　30MPa 围压下 Kaiser 点及相邻点特征频段与关联维数分布（相对应力 72.84%）
（a）低频通道；（b）高频通道

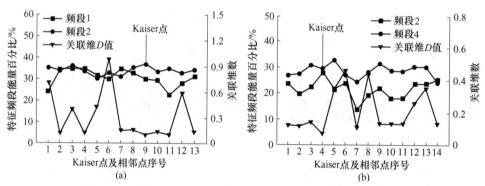

图 5-25　30MPa 围压下 Kaiser 点及相邻点特征频段与关联维数分布（相对应力 88.42%）
（a）低频通道；（b）高频通道

时在频段 2（62.5~125kHz）中出现了均高于相邻点的最高能量百分比 33.04%。根据上述 Kaiser 点的判别依据，说明频段 1（0~62.5kHz）作为此阶段的 Kaiser 点特征频段已不合适，而频段 2（62.5~125kHz）符合此时 Kaiser 点特征频段的条件。

　　高频通道结果（图 5-9~图 5-11）表明，轴向相对应力水平 63.67%时，Kaiser 点声发射信号能量分布的特征频段为频段 4（187.5~250kHz）。轴向相对应力水平 99.99%时，Kaiser 点在频段 2（62.5~125kHz）出现了均高于相邻点的最高能量百分比 33.16%，与此同时频段 4（187.5~250kHz）也已不再是能量最高占比，说明高频通道中 Kaiser 点特征频段也发生了变化，此时，Kaiser 点声发射信号能量分布的特征频段是频段 2（62.5~125kHz）。

　　最终得到花岗岩在不同围压下不同应力水平的 Kaiser 点声发射信号特征频段，见表 5-3。

表 5-3　Kaiser 点声发射信号特征频段

1MPa 围压		10MPa 围压		20MPa 围压		30MPa 围压	
相对应力水平/%	特征频段	相对应力水平/%	特征频段	相对应力水平/%	特征频段	相对应力水平/%	特征频段
26.42	1 和 4	19.15	1 和 4	17.51	1 和 4	18.03	1 和 4
63.67	1 和 4	41.86	1 和 4	38.32	1 和 4	36.87	1 和 4
99.99	2	69.06	2	58.70	1 和 4	55.46	1 和 4
—	—	91.72	2	77.59	2	72.84	2
				93.65	2	88.42	2

图 5-26 和图 5-27 所示分别为两个通道中 Kaiser 点的特征频段能量百分比比值随轴向相对应力水平变化的分布规律，对数据进行拟合。其中，图 5-26 所示为低频通道中频段 1（0~62.5kHz）和频段 2（62.5~125kHz）的能量百分比比值（E_1/E_2）分布规律；图 5-27 所示为高频通道中频段 4（187.5~250kHz）和频段 2（62.5~125kHz）的能量百分比比值（E_4/E_2）分布规律。分析图 5-26 和图 5-27 可知，无论围压大小，其整体变化规律相似，说明这种变化规律并没有因围压的变化表现出明显不同。即随轴向相对应力水平的增加，E_1/E_2 与 E_4/E_2 的值均逐渐减小。拟合数据结果表明，当轴向相对应力水平为 70% 左右时，E_1/E_2 的比值逐渐从 1.9 左右减小至 1.1 左右，下降幅度 42.11%；E_4/E_2 的比值逐渐从 2.3 左右降至 1.5 左右，下降幅度 34.78%。当轴向相对应力水平逐步接近 90% 左右时，二者的比值均接近 1。说明 Kaiser 点中频段 2（62.5~125kHz）在逐渐取代频段 1（0~62.5kHz）和频段 4（187.5~250kHz），成为能量百分比最高的频段。

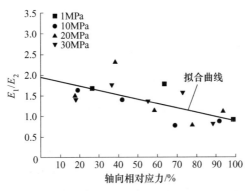

图 5-26　低频通道 Kaiser 点 E_1/E_2 随轴向相对应力水平分布

由上述分析可知，在不同围压条件下，随着轴向相对应力水平的增加，Kaiser 点信号中 E_1/E_2 与 E_4/E_2 的整体变化规律一致，其值均逐渐减小。由此说明，1~30MPa 围压范围内，围压的改变并未对 Kaiser 点特征频段的这种变化规律产生明显的影响。即随着轴向应力水平的增加，Kaiser 点特征频段的整体变化趋势为由频段 1（0~62.5kHz）和频段 4（187.5~250kHz）向频段 2（62.5~125kHz）转移。结合表 5-3 数据可知，当轴向相对应力水平小于 63.67% 时，Kaiser 点的特征频段为频段 1（0~62.5kHz）和频段 4（187.5~250kHz）；而当轴向相对应力水平大于 69.06% 时，Kaiser 点的特征频段变为频段 2（62.5~125kHz）。

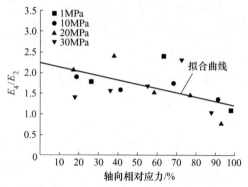

图 5-27　高频通道 Kaiser 点 E_4/E_2 随轴向相对应力水平分布

5.5　本章小结

在基于冲击性花岗岩在三轴压缩循环加卸载声发射试验的基础上，运用小波包频段分解法对 Kaiser 点及其相邻点的声发射信号频段能量特征进行了研究，再结合 G-P 算法，研究并分析了这些点的声发射能量关联维数特征，得到了以下结论：

（1）两种频率的声发射通道中，接收到的声发射振铃计数数量有差别，但整体变化趋势相同，Kaiser 点出现的位置也基本相同。

（2）本次试验围压采用了 1MPa、10MPa、20MPa 和 30MPa，试验结果表明，围压的改变并未对 Kaiser 点特征频段的变化规律产生明显的影响。

（3）采样频率为 1MSPS，两种通道中接收到的声发射信号的高频部分能量基本一致，都主要集中在 0~250kHz 和 312.5~500kHz 中。当轴向相对应力水平小于 63.67% 时，低频通道中，Kaiser 点特征频段为频段 0~62.5kHz，而高频通道中，Kaiser 点特征频段为 187.5~250kHz；当轴向相对应力水平大于 69.06% 时，两种通道中，Kaiser 点特征频段均为 62.5~125kHz。

（4）Kaiser 点的声发射能量关联维数均小于其相邻点。

上述 Kaiser 点的识别特征，有望为进一步揭示冲击性岩石的损伤破坏机制提供参考依据。

6 冲击性岩石破坏过程与声发射特征相关性研究

6.1 引言

地下工程岩体受外界施工等因素的影响，将发生变形、损伤甚至破裂。实际工程应用中，研究者们致力于对岩石损伤破坏过程的监测预报，从而为地下工程和人员财产安全提供必要的保障。在现有的监测预报中，大多靠人工经验判断，但是却缺乏统一、可靠的判别依据，以至于监测预报效率低、难度大。

为进一步提高监测预报的准确性，人们研究了更多有效的监测手段。声发射（AE）技术是近几十年以来新起的有效监测手段，并以具备提供材料内部缺陷随载荷、时间、温度等外变量而变化的实时性和连续性的特点，使得其在岩石力学工程领域的灾害监测、预警方面，成为不可替代的重要角色。实践表明，岩石内部结构的特殊性，导致其在受力变形、破坏过程中释放出的声发射信号数以万计，通过对岩石声发射信号的分析，可推断出岩石内部的性质变化，进一步反演岩石的破坏机制。因此，通过对冲击性岩石在不同应力状态下的声发射频率、基本特征参数与岩石力学特征间的关系进行研究，对于揭示冲击性岩石破坏失稳机制具有尤为重要的作用，也可为岩爆、冲击地压等系列冲击性动力灾害的声发射监测和预测技术提供重要保障。

6.2 单轴压缩下不同冲击倾向性岩石声发射基本参数特征

岩石受力损伤、破坏全过程实际上就是其内部微裂纹的产生、发展的过程，同时变形时产生的能量以应力波的形式释放，产生声发射（AE）。声发射信号可直接反映岩石内部的微观破坏，通过对岩石声发射信号的分析和研究，可推断岩石内部的变化特征，反演岩石的损伤破坏机制及损伤程度。通过分析对比不同冲击倾向性岩石在受力变形过程中的声发射基本参数特征，研究岩石的冲击倾向性特征与声发射基本参数特征的对应性，分析不同阶段岩石的声发射参数特征变化，可为岩石的破坏提供合理的前兆判据。

6.2.1 冲击性岩石与非冲击性岩石声发射振铃计数及累计能量特征

声发射振铃计数可反映岩石内部微裂隙扩展程度，声发射能量可反映岩石内部损伤的程度。声发射累计能量是指在一定时间内观测的声发射能量累计数值。通过对声发射累计能量曲线分析，可以知道声发射过程中声发射强度变化的趋势。

　　基于上述分析，分别对冲击性岩石和非冲击性岩石高频（150kHz）、低频（60kHz）通道中声发射振铃计数、声发射累计能量参数特征与力学变形特征的相关性进行研究。试验加载方案同 3.4 节，声发射仪器为 PCI-2 型声发射仪。

6.2.1.1　冲击性花岗岩声发射基本参数特征

　　花岗岩的声发射振铃计数-时间-应力曲线和声发射累计能量-时间-应力曲线如图 6-1、图 6-2 所示。从图中可以看出，初始压密阶段后期声发射振铃计数数值较大，但声发射累计能量变化不大；弹性变形阶段，两个通道声发射振铃计数数值相对较小，声发射累计能量有增长，但变化速度慢；塑性变形阶段，出现多

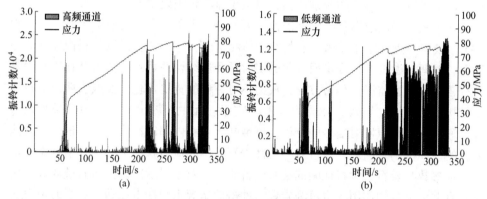

图 6-1　花岗岩声发射振铃计数-时间-应力关系

（a）高频通道；（b）低频通道

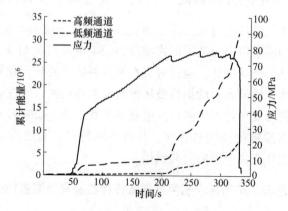

图 6-2　花岗岩声发射累计能量-时间-应力关系

次应力突降，应力突降过程中，声发射信号密集出现，声发射振铃计数数值较大，声发射累计能量数值也快速增加；峰后阶段应力在较短时间内降为零，此时声发射信号仍然密集，声发射振铃计数达到最大，声发射累计能量也快速增长。

研究结果表明，两种不同的频率通道中的声发射振铃计数-时间曲线和声发射累计能量-时间曲线变化趋势一致，但低频通道中的声发射能量始终要比高频通道高一个数量级，从而说明花岗岩在受力、损伤过程中产生了较多的低频率的声发射信号。

6.2.1.2 非冲击性中砂岩声发射基本参数特征

中砂岩的声发射振铃计数-时间-应力曲线和声发射累计能量-时间-应力曲线如图 6-3、图 6-4 所示。为了更加便于观察比较，将两个通道中的声发射振铃计数均进行局部放大。由图可知，初始压密阶段产生了较多声发射信号，压密阶段后期，声发射累计能量小幅度增长；弹性变形阶段出现大量声发射信号，声发射

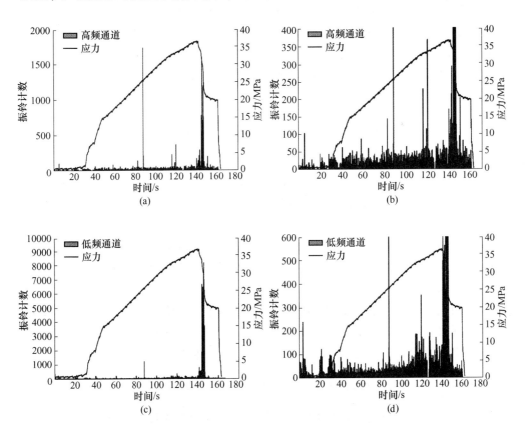

图 6-3 中砂岩声发射振铃计数-时间-应力关系

（a）高频通道；（b）高频通道振铃计数局部放大；（c）低频通道；（d）低频通道振铃计数局部放大

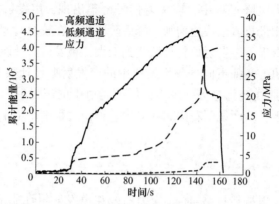

图 6-4　中砂岩声发射累计能量-时间-应力关系

累计能量数值变化不大；塑性变形阶段声发射信号密集，声发射振铃计数数值较大，声发射累计能量增长较快；峰后阶段出现两次应力突降。第一次应力突降过程，声发射振铃计数数值达到最大，声发射累计能量开始急剧增加。

　　两种通道中的声发射振铃计数、声发射累计能量随时间变化趋势总体一致，但低频通道声发射信号更为密集，声发射振铃计数数值相对更大；两种通道中声发射累计能量相差较大，与低频通道相比，高频通道中声发射能量数值几乎可以忽略。

6.2.1.3　非冲击性粗砂岩声发射基本参数特征

　　粗砂岩的声发射振铃计数-时间-应力曲线和累计能量-时间-应力曲线如图 6-5、图 6-6 所示。由图可知，初始压密阶段及该阶段后期，出现较多声发射信号，声发射累计能量小幅增加；弹性变形阶段声发射信号密集，但声发射振铃计数数值相对较小，声发射累计能量变化不大；塑性变形阶段出现大量声发射信号，声发射振铃计数数值较大，声发射累计能量增长较快；峰后阶段并未出现明显的应力突降，且声发射信号分布密集，声发射振铃计数数值较大，声发射累计能量增长较快。

　　粗砂岩两种通道中声发射振铃计数、声发射累计能量与泥砂岩类似，声发射振铃计数和声发射累计能量均与应力的增长相对应，声发射累计能量数值相差极大，高频通道中声发射能量数值远远要小于低频通道中。

6.2.1.4　非冲击性泥砂岩声发射基本参数特征

　　泥砂岩的声发射振铃计数-时间-应力曲线和声发射累计能量-时间-应力曲线如图 6-7、图 6-8 所示。在压密阶段后期泥砂岩出现了较多声发射信号，但声发射累计能量数值几乎没有大的变化；进入到弹性变形阶段声发射累计能量增长缓

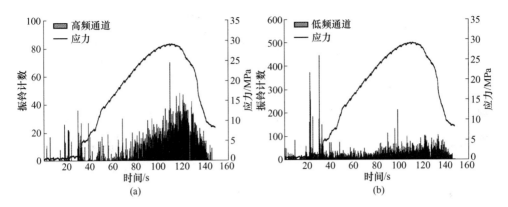

图 6-5 粗砂岩声发射振铃计数-时间-应力关系

(a) 高频通道；(b) 低频通道

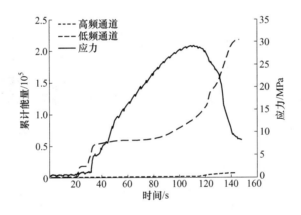

图 6-6 粗砂岩声发射累计能量-时间-应力关系

慢；峰后阶段应力下降缓慢，出现了三次应力突降，声发射信号分布密集，声发射能量快速增加，出现应力突降时声发射振铃计数数值达到最大，声发射能量剧增。

研究表明，两种通道中的声发射振铃计数变化趋势相同，但还是可以明显地看出低频通道中声发射信号更加密集，且声发射振铃计数数值更大，两个通道中声发射累计能量数值相差极大，与低频通道相比，高频通道中的声发射累计能量此时数值几乎不容易看出，说明泥砂岩在损伤破坏过程中以产生低频声发射信号为主。

为了便于比较，表6-1给出了不同岩石受力破坏全过程的高、低频通道声发射累计能量。

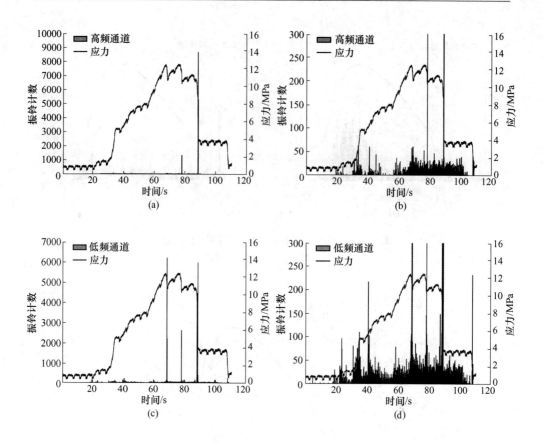

图 6-7　泥砂岩声发射振铃计数-时间-应力关系

（a）高频通道；（b）高频通道振铃计数放大图；（c）低频通道；（d）低频通道振铃计数放大图

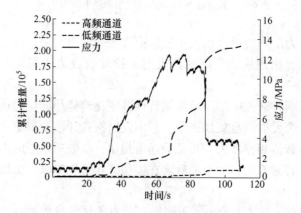

图 6-8　泥砂岩声发射累计能量-时间-应力关系

表 6-1 不同岩石声发射累计能量

岩石种类	花岗岩	中砂岩	粗砂岩	泥砂岩
高频通道声发射累计能量	7.88×10^6	3.96×10^4	0.64×10^4	1.12×10^4
低频通道声发射累计能量	3.21×10^7	4.01×10^5	2.17×10^5	2.087×10^5

通过分析冲击性花岗岩和非冲击性中砂岩、粗砂岩、泥砂岩声发射振铃计数、能量特征，得出以下结论：

（1）单轴压缩条件下，冲击性岩石和非冲击性岩石的高、低频通道声发射参数特征具有相似变化趋势和特征。4 种岩石低频通道中声发射累计能量均大于高频通道中。

（2）冲击性岩石和非冲击性岩石的声发射累计能量存在明显差异。具有冲击性的花岗岩在损伤、破坏过程中，产生的声发射能量数值远大于其他 3 种非冲击性岩石，大约为 2 个数量级。分析原因是由于花岗岩质地坚硬，晶体之间连接紧密，岩石较完整；而中砂岩、粗砂岩和泥砂岩，相比于花岗岩大颗粒含量较多，颗粒之间也存在粒缘缝，且组分不同。

（3）在相同变形阶段，不同冲击倾向性岩石声发射基本参数表现出显著差异，主要体现在弹性阶段。冲击性花岗岩在弹性阶段声发射振铃计数数值相对较小，其他 3 种岩石声发射振铃计数数值相对变化较大。

6.2.2 冲击性岩石与非冲击性岩石声发射撞击数对比分析

声发射撞击（计数）反映了声发射活动的总量和频度。为了对比冲击性岩石与非冲击性岩石的撞击数变化规律，分别选取典型的冲击性花岗岩和非冲击性泥岩峰值应力前高频（150kHz）、低频（60kHz）通道中声发射信号进行对比分析，试验加载方案同 3.4 节，声发射仪器为 PCI-2 型声发射仪。得出试验过程中花岗岩试样（H2-1、H2-2）和泥岩试样的高频（150kHz）、低频（60kHz）通道中声发射事件数和相对应变之间的关系，如图 6-9、图 6-10 所示。

分析图 6-9 可知，在相对应变 0~40%阶段，花岗岩高、低频通道声发射撞击数极少，相对应变 40%~60%阶段，两个通道声发射撞击数均有所增加，且低频通道中声发射撞击数要明显多于高频通道中。临近峰值应力，高频通道声发射撞击数先增加，后减小，在峰值应力前夕再次增加；低频通道声发射撞击数则先减小，后增加，在峰值应力前夕再次减小。整个过程，在相对应变 0~40%阶段，高、低频通道声发射撞击数较少；在相对应变 50%~100%阶段，低频通道中声发射撞击数远多于高频通道中。

由图 6-10 可知，泥岩在相对应变为 0~30%时，高、低频通道声发射撞击数较多，但随着应变水平的增加逐渐减小。在相对应变为 30%~50%，高、低

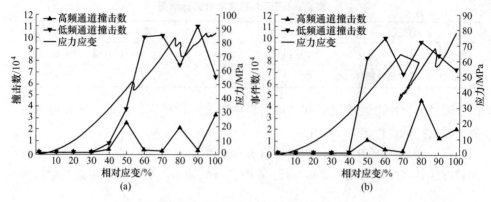

图 6-9 花岗岩声发射撞击数-相对应变-应力关系

（a）试样 H2-1；（b）试样 H2-2

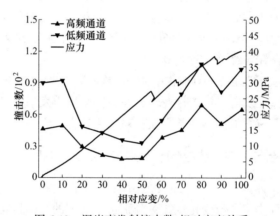

图 6-10 泥岩声发射撞击数-相对应变关系

频通道声发射撞击数较少，在相对应变 50%～80% 时，两个通道中声发射撞击数大幅度增加，相对应变为 80%～100% 时，两个通道中声发射撞击数保持在较高的值。

对比分析花岗岩和泥岩在不同破坏阶段声发射高、低频通道声发射撞击数差异得到：二者在初始压密阶段和弹性初期差异较大，此阶段花岗岩声发射撞击数相对较少；花岗岩和泥岩声发射撞击数值相差较大，花岗岩声发射撞击数比泥岩高出两个数量级。分析原因，花岗岩自身结构均匀，质地坚硬致密，晶体之间连接紧密，岩石较完整，所以在压密阶段和弹性阶段初期，内部很少产生破裂，很少有声发射撞击数。而泥岩是一种由泥巴及黏土固化而成的沉积岩，结构不够致密均匀，强度也较低，存在大量的孔隙和微裂隙，且颗粒之间存在粒缘缝。所以在压密阶段和弹性阶段初期出现了较多的声发射信号。与泥岩相比，高强度、坚硬的花岗岩在出现破裂时产生的声发射撞击数远大于泥岩。

6.2.3 不同冲击倾向性岩石声发射振铃计数及累计能量特征

由前文可知，花岗岩具有中等以上冲击倾向性，蚀变矿岩为弱冲击倾向性，两种岩石的声发射振铃计数-时间-应力曲线和声发射累计能量-时间-应力曲线分别如图 6-11 和图 6-12 所示。试验方案同 3.4 节，声发射仪器为 AE21C 型声发射仪。

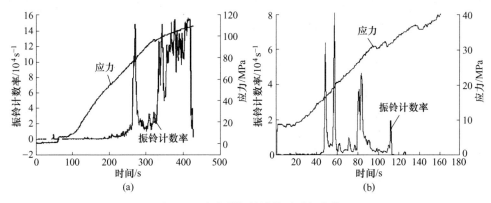

图 6-11　声发射振铃计数随时间变化

（a）花岗岩；（b）蚀变矿石

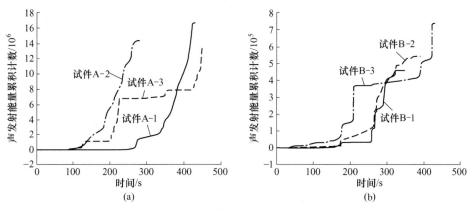

图 6-12　声发射累计能量随时间变化

（a）花岗岩；（b）蚀变矿石

研究表明，相对应力水平 0~20% 左右，花岗岩和蚀变矿岩都几乎没有声发射出现；相对应力水平至 20%~60% 左右时，声发射振铃计数开始快速增加，接近应力峰值 60% 左右时，出现明显的下降，声发射振铃计数数量减小，即出现"声发射平静期"；随着应力水平继续增加，花岗岩声发射振铃计数开始明显上升，并一直处于较高水平，而蚀变矿石声发射振铃计数出现一次突然陡增后又开始下降，处于较低水平。分析对比整个过程，花岗岩出现的声发射振铃计数数量是蚀变矿石的声发射振铃计数的 2 倍以上。另外，通过分析声发射累计能量数量发现，花岗岩的声发射累计能量数量是蚀变矿石的声发射累计能量数量的 15 倍左右。这一结果与前文中，中砂岩、粗砂岩、泥砂岩的声发射累计能量相似。对比发现，蚀变矿石的声发射累计能量要多于 3 种岩石，说明在冲击性岩石中，冲击倾向性较强的岩石声发射累计能量数量要比冲击性相对较弱的岩石声发射累计能量数量多，非冲击性岩石的声发射累计能量要比具有冲击性声发射累计能量数量少，这也印证了在发生岩爆和冲击地压地区时岩体所释放出的能量是巨大的[226]。

6.2.4　不同冲击倾向性岩石声发射大撞击数和相对应力的关系

声发射大撞击数，是指声发射信号脉冲超过某一阈值并维持较长时间的撞击个数[141,145]。顾名思义，岩石损伤、破坏过程中越多声发射大撞击数的产生意味着岩石损伤破坏越剧烈。使用 AE21C 型声发射检测仪，得到高频（150kHz）、低频（40kHz）通道中不同冲击倾向性花岗岩和细砂岩的声发射大撞击数（触发电平为 0.1V）与相对应力变化关系，如图 6-13 所示。试验方案同 3.4 节。

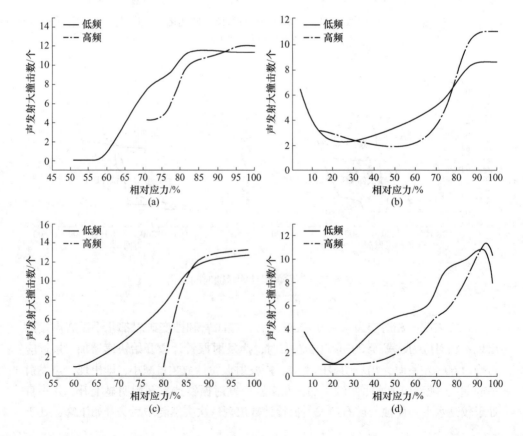

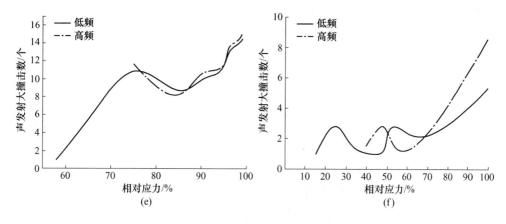

图 6-13　花岗岩和细砂岩相对应力与声发射大撞击数关系

（a）hg-11 号花岗岩；（b）s-11 号细砂岩；（c）hg-12 号花岗岩；

（d）s-12 号细砂岩；（e）hg-13 号花岗岩；（f）s-13 号细砂岩

研究结果表明，轴向相对应力水平 0～60% 左右时，声发射信号均以低频信号为主，随着相对应力水平的增加，高、低频通道中的声发射大撞击数均有明显的增加，并以高频声发射大撞击数增加为主，说明高频声发射信号的突增预示岩石即将破坏。

对于不同冲击倾向性的花岗岩和细砂岩而言，整个受力过程中声发射大撞击数各不相同。冲击性较强的花岗岩在初始压密阶段和弹性阶段声发射信号较少，并以低频信号为主，几乎没有高频的声发射大撞击产生；而对于冲击性较弱的细砂岩，其高频、低频声发射信号均较明显。进入塑性阶段后，直到岩石破坏花岗岩高频、低频声发射信号密集，且有高频声发射大撞击产生，优势频率明显增加；而细砂岩的声发射信号增加不明显，这一特征对识别复合岩层的破断、预测和判断岩柱、矿柱的失稳破坏具有重要作用。

6.3　单轴压缩下不同冲击性岩石声发射信号频率特征

6.3.1　冲击性岩石和非冲击性岩石声发射信号优势频率特征

优势频率是指一个区间值，对接收到的声发射信号进行 FFT 变换后，出现了不同的频率分量，本节将大多数频率分量集中的区间值称为优势频率[145]。通过对冲击性花岗岩和非冲击性泥岩进行对比分析，研究冲击性岩石和非冲击性岩石的声发射信号频率分布的差异。由于声发射信号的分布广泛，为了便于观察，对岩石在相对应变范围内数量大于 5% 的频率进行筛选，以数量大于 5% 的频率作为选取对象，得到高频（150kHz）、低频（60kHz）通道中声发射信号不同应变水平下频率分布，如图 6-14 和图 6-15 所示。由于应力应变曲线中，应力存在多次下降，为便于分析，选取峰值应力前的应力-应变曲线，将应变做归一化处理，以时间为中间变量，选取不同应变水平下岩石的声发射信号。

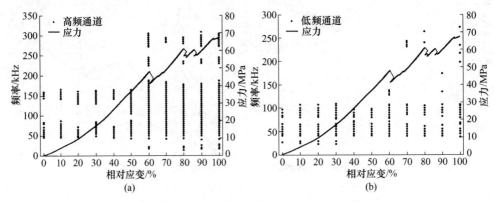

图 6-14　花岗岩频率分布-相对应变-应力关系

（a）高频通道；（b）低频通道

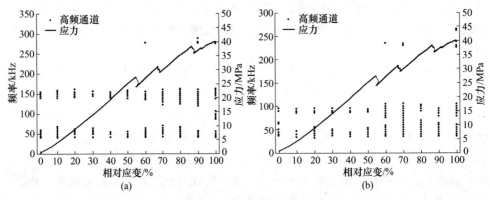

图 6-15　泥岩频率分布-相对应变-应力关系

（a）高频通道；（b）低频通道

　　分析图 6-14 和图 6-15 可知，在 0~50% 相对应变范围内，声发射信号的频率分布数量较少，而在 60%~100% 相对应变范围内，岩石出现了明显的破裂，花岗岩和泥岩振铃计数出现急剧增加现象，声发射信号频率分布范围开始增大，且出现其他频段的声发射信号。

　　对比分析可知，花岗岩与泥岩的频率分布有显著差异。其中，花岗岩的声发射信号频率分布更广，声发射信号频率主要分布在 14~28kHz、40~190kHz、225~245kHz 和 270~310kHz 这 4 个频段，而泥岩声发射信号频率分布相对较窄，声发射信号频率主要分布在 40~70kHz、87~107kHz、120~165kHz 和 275~290kHz 4 个频段。

6.3.2　不同冲击性岩石声发射信号优势频率与力学特征的相关性

对比分析不同冲击性岩石破坏过程声发射信号优势频率分布特征，得到花岗岩和细砂岩两类冲击性岩石的优势频率分布如图 6-16 所示。由图可知，相对应

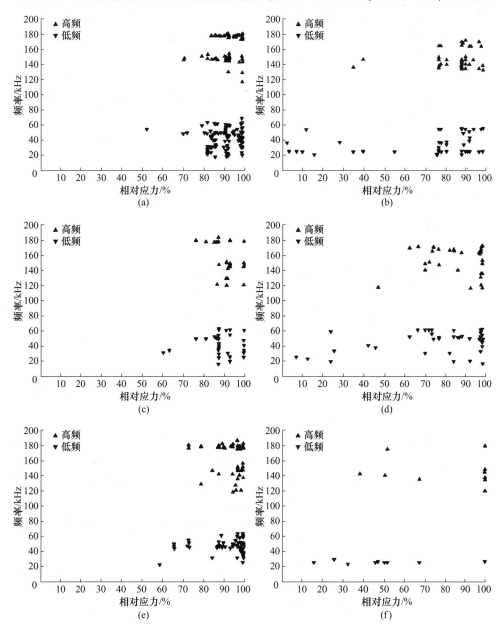

图 6-16　花岗岩和细砂岩声发射优势频率随相对应力的变化

（a）hg-11 号花岗岩；（b）s-11 号细砂岩；（c）hg-12 号花岗岩；（d）s-12 号细砂岩；

（e）hg-13 号花岗岩；（f）s-13 号细砂岩

力 0~70%，花岗岩的声发射信号很少；相对应力 70%~100%，声发射信号逐步增多，主破裂前夕声发射信号密集。花岗岩高频（150kHz）声发射信号频段主要分布在 120~180kHz，尤其分布在 150~180kHz；低频（40kHz）声发射信号频段主要分布在 30~65kHz。相对于花岗岩，细砂岩结构更不致密，且存在更多孔隙和微裂隙。在初始压密及弹性阶段的前中期，有连续不断的声发射信号出现；弹性阶段后期及塑性阶段，声发射信号的数量有所增加，但总体上，声发射信号分布均匀，且主要分布在频段 40~150kHz 内。随着应力的增加，在弹性阶段后期及塑性阶段，两种岩石声发射信号的主频均升高。整体来看，花岗岩声发射信号的主频要高于细砂岩[145]。这与前文中花岗岩与其余三种非冲击性岩石的研究结果一致，说明对于冲击性岩石的声发射主频要明显高于非冲击性岩石，破坏过程频率分布范围更大；冲击性较强的岩石要比冲击性相对较弱的岩石主频分布范围大，且主频值也更高。

6.3.3　冲击性花岗岩声发射信号优势频段与力学特征的相关性分析

本节通过对花岗岩在单轴压缩试验中不同应变水平下声发射信号频率特征进行进一步分析，寻求声发射信号优势频段特征与力学特征之间的相关性，为预测岩石的破裂提供前兆信息。需指出，由于优势频率分布较宽，为更方便观察，对数量大于 5%的优势频率进行筛选，得到优势频段。

分析得到花岗岩单轴压缩全应力-应变试验过程中的高频（150kHz）、低频（60kHz）通道声发射信号的优势频段分布。

试样 H2-1 的高、低频通道声发射振铃计数-时间关系图和优势频段-相对应变关系如图 6-17 和图 6-18 所示。由图可知，试样 H2-1 破裂前声发射信号特征，在相对应变为 0~50%相对应变范围内，声发射信号较少，振铃计数较小，优势频段较为集中，其中高频通道的优势频段在 48~56kHz 和 60~63kHz 频段内，低频通道的优势频段在 41~44kHz 和 49~54kHz 频段内；在相对应变为 60%时，岩石出现破裂，此后岩石声发射特征发生明显变化；在相对应变为 60%~100%范围内，应力出现多次突降，声发射信号分布密集，声发射振铃计数较大，并出现不同优势频段，其中高频通道优势频段在 14kHz 左右、22~23kHz、45~49kHz、55~57kHz 和 148~156kHz 频段内，低频通道优势频段在优势频段为 14~15kHz、41~47kHz 频段。

试样 H2-2 的高、低频通道声发射振铃计数-时间关系图和优势频段-相对应变关系图如图 6-19 和图 6-20 所示。

试样 H2-2 破裂前声发射信号特征：在相对应变为 0~50%范围内，声发射信号较少，振铃计数较小，优势频段较为集中，其中高频通道的优势频段在 49~55kHz 和 60~61kHz 频段，低频通道的优势频段在 42~44kHz 和 48~55kHz；在相

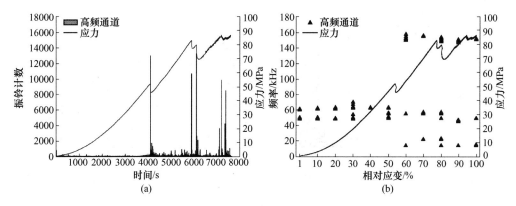

图 6-17 花岗岩 H2-1 高频通道声发射信号特征-相对应变-应力关系
（a）振铃计数-时间-应力关系；（b）优势频段-相对应变-应力关系

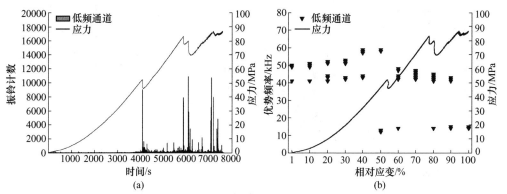

图 6-18 花岗岩 H2-1 低频通道声发射信号特征-相对应变-应力关系
（a）振铃计数-时间-应力关系；（b）优势频段-相对应变-应力关系

对应变为 60%~100% 范围内，岩石出现多次应力突降，尤其是破裂前夕，声发射振铃计数密集分布，且振铃计数剧增，并出现了不同的优势频段，其中高频通道优势频段在 13kHz 左右、42~55kHz 和 143~151kHz 频段内，低频通道优势频段在 12~15kHz 和 42~51kHz 频段内。

由以上分析可知，试样 H2-1 和 H2-2 声发射信号频段分布基本一致。其中，高频通道中声发射信号频段主要集中在 10~25kHz、45~60kHz、60~70kHz、135~165kHz 和 275~365kHz，而低频通道中声发射信号频段集中在 10~20kHz、40~66kHz 和 260~345kHz。岩石加载初期，岩石声发射信号较少，且分布零散，振铃计数也较小，声发射信号优势频段集中；当花岗岩出现破裂后，声发射信号特征有了明显变化，声发射信号显著增多，分布密集，振铃计数变大，且出现了更多的优势频段，高频通道增加了 14~23kHz 和 148~156kHz 频段内的优势频段，低频通道增加了 12~15kHz 频段内的优势频段。

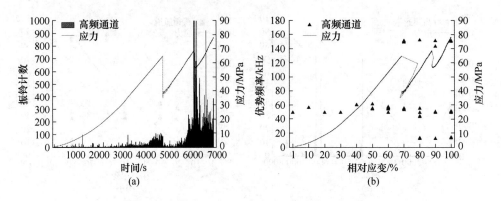

图 6-19　花岗岩 H2-2 高频通道声发射信号特征

（a）振铃计数-时间-应力关系；（b）优势频段-相对应变-应力关系

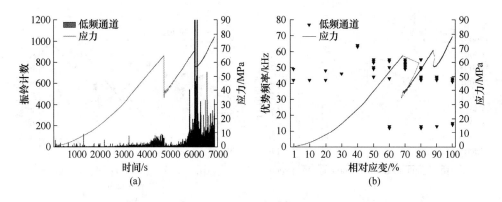

图 6-20　花岗岩 H2-2 低频通道声发射信号特征

（a）振铃计数-时间-应力关系；（b）优势频段-相对应变-应力关系

6.4　三轴压缩下不同冲击倾向性岩石声发射基本参数特征

使用 PCI-2 型声发射检测仪，采用 60kHz 和 150kHz 两种频率的声发射通道，分别对某铜矿的花岗岩、矽卡岩和大理岩进行不同围压声发射试验，三种岩石均具有冲击倾向性，其冲击倾向性强弱依次为：花岗岩（中等冲击）>矽卡岩（弱冲击）>大理岩（弱冲击）[19]。

试验加载方案为：先加围压至预设值，再进行轴向加压。轴向加载初期为力控制，加载速率为 0.5kN/s；进入屈服阶段后，改轴向变形控制，加载速率为 0.02mm/min；峰后加载速率为 0.01mm/min。

三轴压缩试验中，岩石的初始压密阶段到弹性阶段，冲击性较强的花岗岩和矽卡岩出现的声发射振铃计数较少，冲击性较弱的大理岩出现的声发射振铃计数相对较多；岩石主破裂阶段，花岗岩和矽卡岩的声发射振铃计数数量远多于大理岩，如图 6-21~图 6-23 所示。分析可知，初始压密阶段，花岗岩和矽卡岩出现的声发射能量极小，大理岩出现的声发射能量较多；三种岩石的声发射能量大小依次为：花岗岩>矽卡岩>大理岩，如图 6-24 所示。

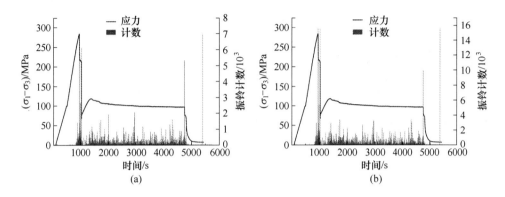

图 6-21　10MPa 围压下花岗岩试件应力、声发射振铃计数随时间变化
（a）低频通道；（b）高频通道

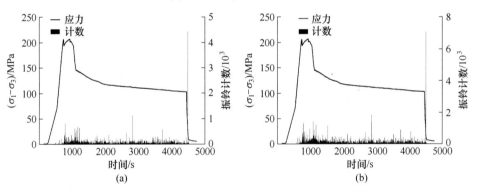

图 6-22　10MPa 围压矽卡岩试件应力、应变、声发射振铃计数随时间变化
（a）低频通道；（b）高频通道

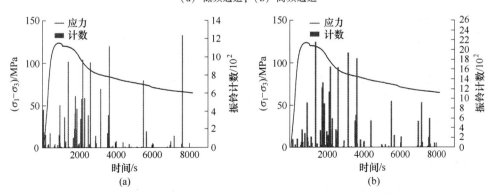

图 6-23　10MPa 围压大理岩试件应力、声发射振铃计数随时间变化
（a）低频通道；（b）高频通道

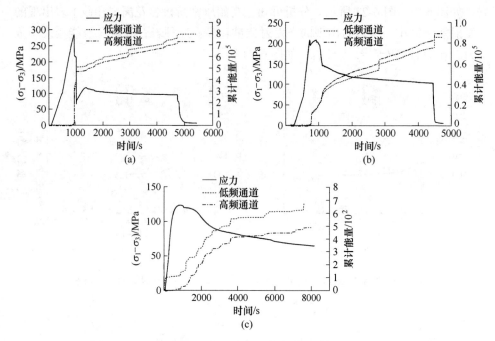

图 6-24　10MPa 围压下岩石应力、声发射累计能量随时间变化
（a）花岗岩；（b）矽卡岩；（c）大理岩

6.5　三轴压缩下不同冲击倾向性岩石声发射频率特征

6.5.1　不同冲击倾向性岩石声发射频率特征

　　通过对三轴压缩条件下的三种冲击性岩石声发射信号对比分析，得到不同围压下三种岩石的频率分布特征。

　　（1）花岗岩的声发射频率分布如图 6-25 所示。在 10MPa 围压下，岩石在初始压密阶段及弹性阶段，声发射信号频率主要分布在 40~50kHz 及 150~170kHz；当进入到塑性阶段至主破裂阶段时，声发射信号主要分布在 40~45kHz、60~70kHz、90~100kHz 及 150~170kHz；岩石峰后残余应力阶段，声发射信号频率主要分布在 40~50kHz 及 150~170kHz。40MPa 围压下，岩石初始压密阶段及弹性阶段，声发射信号频率主要分布在 40~50kHz、90~100kHz 及 150~160kHz；当岩石进入到塑性阶段时，声发射信号频率主要分布在 40~50kHz、65~70kHz、90~100kHz 及 150~160kHz；岩石进入到主破裂阶段后，声发射信号频率主要分布在 20~25kHz、40~50kHz、65~70kHz、90~100kHz 及 150~160kHz。在 60MPa 围压下，岩石初始压密阶段及弹性阶段，声发射信号频率主要分布在 40kHz 左右；岩石进入到弹性阶段后期，声发射信号频率主要分布在 40~45kHz、90~

100kHz 及 150~160kHz；岩石进入到塑性阶段后，声发射信号频率主要分布在
20~25kHz、40~45kHz、90~100kHz 及 150~160kHz；岩石进入到主破裂阶段，
声发射信号频率主要分布在 25~30kHz、40~50kHz、60~70kHz、90~100kHz 及
150~160 kHz。

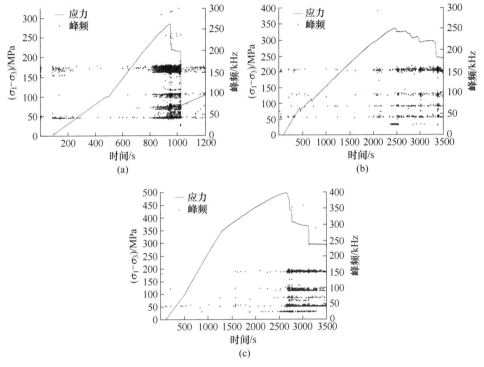

图 6-25　花岗岩应力-时间-声发射信号频率分布
(a) 10MPa 围压；(b) 40MPa 围压；(c) 60MPa 围压

（2）冲击性矽卡岩在不同围压下的声发射频率分布如图 6-26 所示。

在 10MPa 围压下，岩石压密、弹性阶段，声发射信号频率分布在 40kHz、
100kHz 及 150kHz 左右；弹性阶段后期至主破裂阶段，声发射频率分布在 40kHz 左
右、60~70kHz、90~100kHz 及 150~160kHz。20MPa 围压下，岩石初始压密阶段，
声发射信号频率主要分布在 40kHz 左右及 160kHz 左右；岩石进入到弹性阶段后期，
声发射频率主要分布在 40kHz 左右。60~70kHz、90~100kHz 及 150~170kHz；岩石
进入到主破裂阶段后，声发射信号频率主要分布在 40kHz 左右、60~70kHz、90~
100kHz、150~170kHz 及 290~300kHz。在 40MPa 围压下，岩石压密阶段，声发射
信号频率主要分布在 40~50kHz；岩石的弹性变形阶段中后期，声发射信号频率主
要分布在 40~50kHz、60~70kHz、150kHz 左右；岩石进入到主破裂阶段，声发射信
号频率主要分布在 40~50kHz、60~70kHz、90~100kHz 及 150kHz 左右。

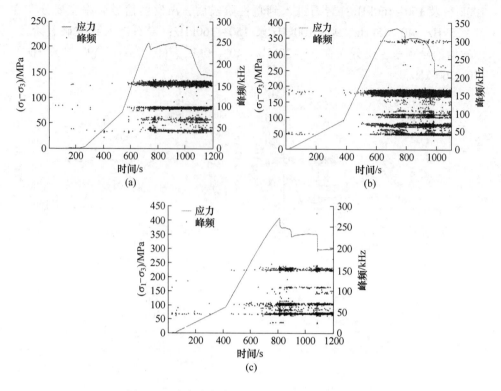

图 6-26　矽卡岩应力-时间-声发射信号频率分布

（a）10MPa 围压；（b）20MPa 围压；（c）40MPa 围压

（3）冲击性大理岩在不同围压下的声发射频率分布如图 6-27 所示。

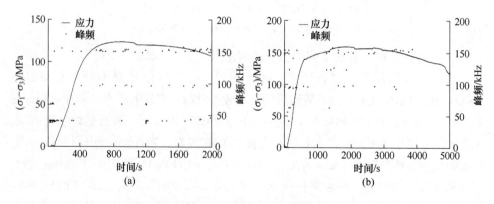

图 6-27　大理岩应力-时间-声发射信号频率分布

（a）10MPa 围压；（b）20MPa 围压

在 10MPa 围压下，岩石进入到压密阶段及弹性阶段初期，声发射信号频率主要分布在 40kHz 左右及 150kHz 左右；岩石进入到塑性阶段至主破裂阶段，声发射信号频率主要分布在 40kHz 左右、90~100kHz 及 150~160kHz。在 20MPa 围压下，岩石进入到压密阶段，声发射信号频率分布相对散乱；岩石进入到主破裂阶段时，声发射信号频率主要分布在 100kHz 左右、120kHz 左右及 150~160kHz。

三向受压下花岗岩和矽卡岩的声发射信号频段数量明显要多于大理岩；岩石进入到主破裂阶段，花岗岩和矽卡岩出现了超高频 300kHz 左右的声发射信号，而大理岩没有出现。

6.5.2　不同冲击倾向性岩石声发射优势频率特征

基于上述分析，得到三种不同冲击倾向性岩石在不同围压下的声发射优势频率分布特征（图 6-28）。

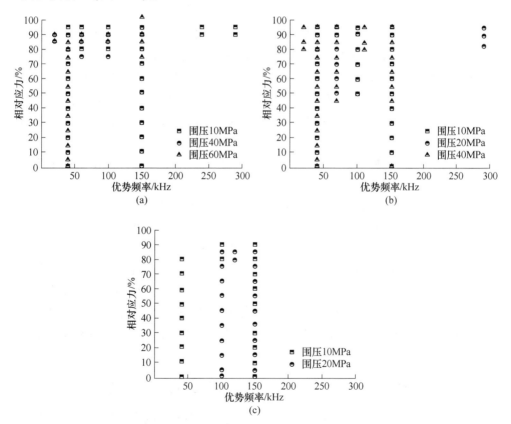

图 6-28　相对应力-声发射信号优势频率分布
（a）花岗岩；（b）矽卡岩；（c）大理岩

（1）对于冲击性较强的花岗岩而言，岩石从初始加载到峰值应力之前，整个过程中声发射信号频率从较少频段向较多频段变化。与较低围压相比，在较高围压情况下，岩石的主频段会有显著的提前，分别在相对应力的 76% 及 86% 左右，其中在相对应力 76% 左右时，首次出现了中等频段；而在相对应力 86% 左右时，出现了较低频段和较高频段。花岗岩在较低围压下时，在岩石发生主破裂前夕一般多会出现超高频主频段，当围压增加后，则相应的出现一些超低频频段。其中，频段数量增加的这一现象，也揭示了岩石内部从显微破裂、发展到整个结构的变化，从而预示着岩石即将失去其最大承载能力，发生主破裂。

（2）与花岗岩相比，冲击性稍弱的矽卡岩在三轴压缩过程中的声发射信号频段分布也出现了由较少频段向较多频段变化的规律。其中，在相对应力 50% 及 80% 左右，出现了明显的变化，相对于花岗岩而言有所提前。不同围压下的频段分布情况与花岗岩类似，较高围压下，低频信号主要为 40kHz；围压较小时，出现 280kHz 左右的较高频段，且大部分的信号都集中在 40~140kHz 这些频段范围内。

（3）在三种岩石中，大理岩的冲击性最弱，其中，围压为 60MPa 时，大理岩出现明显的塑性流动状态。分析可知，大理岩在三轴压缩过程中的声发射撞击数相对较少，从声发射信号的频率分布特征来看，大理岩只在接近其极限强度的 80% 左右时，出现频段增加的现象；同时，较低频频段声发射信号消失或出现新的声发射信号，并主要分布在 100~120kHz 这些频段范围内。与其他两种岩石相比，大理岩的声发射信号频率分布主频段数量较少，通常为 3 个，而冲击性较强岩石的主频段数可以达到 6 个，这也与大理岩质地偏软，声发射撞击数偏少等因素有关。

综上所述，岩石峰值应力前，无论岩石的冲击倾向性大小如何，岩石声发射信号频率分布的主频段数量都会出现频段递增的现象。对于冲击倾向性较大的岩石，在临近岩石峰值应力处，所释放出来的声发射信号频率分布越分散，频段数量也越多。冲击性大的岩石在发生主破裂前夕的特征信息可视为出现的声发射信号有异于初始加载阶段的较低或较高频频段；而对于冲击性较小的岩石而言，其声发射信号频率分布相对要集中，并且随着应力水平的增加，原来的低频频段可能会消失。综合分析表现，声发射信号频段数量的增加是冲击性岩石破裂前兆的重要特征信息。

6.6　岩石临界破坏的多频段声发射耦合判据和前兆识别特征

研究表明，岩石材料在受力变形、破坏过程中释放出的声发射信号频率有着不同的组合模式，即是一个高、低之间不断转换的过程。如果只针对某一种频率进行分析，则该频率可能是一个从有到无、从多到少，或从无到有、从少到多的变化过程。因此，可以建立一种基于声发射信号频段与岩石力学特征间关系的多频段声发射信号频率识别模式，具体如下。

（1）假设试验过程中峰值应力前检测到的所有声发射信号频率的频谱集合为 $\pmb{F}$，将其划分为 n 个频段，即：

$$\pmb{F} = \{f_1, f_2, \cdots, f_n\} \tag{6-1}$$

对其中任一个频段信号 f_i 进行分析，可以提取特征集合 $\pmb{K}$，即：

$$\pmb{K} = \{k \cdot f_{i1}, k \cdot f_{i2}, \cdots, k \cdot f_{im}\} \tag{6-2}$$

式中　k——比例系数。

对所检测到不同频段内的声发射信号频率进行统计，得到不同应力或应变阶段范围内的不同频段，并进行信号特征的耦合提取与对比分析。

（2）在频谱集合 $\pmb{F}$ 中任取 l 个观测频段，设：$f_1, f_2, \cdots f_l (l \leqslant n)$ 可构成频段特征集合 $\pmb{Q}$：

$$\pmb{Q} = \begin{pmatrix} k \cdot f_{11}, & k \cdot f_{12}, & \cdots, & k \cdot f_{1p} \\ k \cdot f_{21}, & k \cdot f_{22}, & \cdots, & k \cdot f_{2p} \\ \vdots & & & \\ k \cdot f_{l1}, & k \cdot f_{l2}, & \cdots, & k \cdot f_{lp} \end{pmatrix} \tag{6-3}$$

通过对所检测的声发射信号频段进行从低频到高频排列，进行两个或两个以上不同频段的信号特征耦合分析。

（3）将岩石在受力变形、破裂过程中的力学过程可以表达为一系列力学状态集合 $\pmb{M}$，即：

$$\pmb{M} = \begin{Bmatrix} \sigma \\ \varepsilon \\ \text{其他特征量} \end{Bmatrix} \tag{6-4}$$

（4）最后将声发射信号特征矩阵与力学状态特征集合进行联合分析，得到特殊力学状态的识别条件：

$$\{k \cdot f_{ij}\}_c \Leftrightarrow M_c \tag{6-5}$$

从而实现对岩石破坏失稳及临界破坏状态的判别和预测。

以冲击性花岗岩为例，对单轴和三轴压缩条件下的声发射频率模型进行分析，由于采样频率为 1MSPS，结合式（6-1），将频段划分为 16 等分，得到各频段长度为 31.25kHz，对应各频段区间为 0~31.25kHz，31.25~62.5kHz，…，468.75~500kHz。以下为叙述方便，将上述频段分别记为频段 1，频段 2，…，频段 16。图 6-29 所示为典型的花岗岩在单轴和三轴压缩条件下不同应力水平频段划分图。

对比分析可知，单轴压缩条件下花岗岩的频率在 16 个频段中均有分布。其中，频段 2、频段 3 和频段 5 从初始加载到峰值应力阶段均一直存在，当应力水平增加至 40%~50% 时，开始出现频段 1，说明岩石开始发生变化；随着应力水平的继续增加，较高的频段（频段 7 以上）开始出现，其中频段 8、频段 10、频段 11 和频段 12 从应力水平大于 60%~70% 时一直均有出现，同时，较高频段 16 在接近峰值应力处时也开始出现，这也意味着岩石即将失去其最大承载能力；三轴压缩条件下频率分布相对范围较窄（从频段 2 至频段 14）。整个过程，始终存在频段 2~频段 6，当应力水平达到 60%~70% 范围内时，频段 10 开始出现，并一直持续到峰值应力前；应力水平达到至 80%~90% 范围内时，频段 8 开始出现，同时较高频段 13 的出现也意味着岩石即将发生主破裂，失去其最大承载能力。

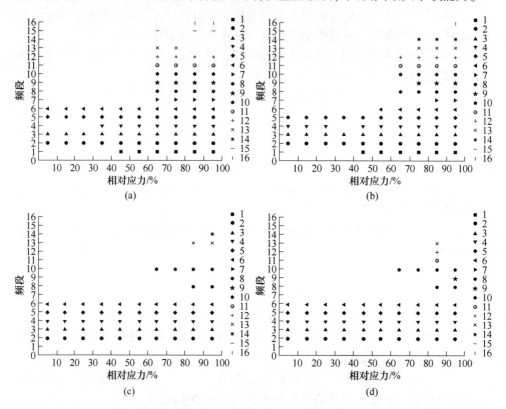

图 6-29　不同应力水平频段划分

（a）H2-1（单轴）；（b）H2-2（单轴）；（c）1MPa 围压；（d）30MPa 围压

　　综合分析表明，单轴压缩下花岗岩频率分布范围要大于三轴压缩条件的情况；越接近岩石主破裂阶段，会出现越多频段信号。其中，较高频段的信号出现，意味着岩石即将发生主破裂，失去其最大承载能力。

　　需要指出，由于花岗岩信号频段分布广泛，文中以下在分析信号频段的组合模式时，只挑选几组关键信号频段进行分析。对于单轴压缩下的情况，可选择频段 1、频段 2、频段 7 和频段 8 进行检测分析，将声发射信号频段特征矩阵与相对应力特征集合进行联合分析，相应的识别条件如下：

$$应力水平<40\%时 \quad \Rightarrow \{f_2\}_c \Leftrightarrow \{\sigma_{0\sim40\%}\}_c \tag{6-6}$$

$$应力水平40\%\sim60\%时 \quad \Rightarrow \begin{Bmatrix} f_1 \\ f_2 \end{Bmatrix}_c \Leftrightarrow \{\sigma_{40\%\sim60\%}\}_c \tag{6-7}$$

$$应力水平60\%\sim80\%时 \quad \Rightarrow \begin{Bmatrix} f_1 \\ f_2 \\ f_8 \end{Bmatrix}_c \Leftrightarrow \{\sigma_{60\%\sim80\%}\}_c \tag{6-8}$$

$$应力水平>80\%时 \quad \Rightarrow \begin{Bmatrix} f_1 \\ f_2 \\ f_7 \\ f_8 \end{Bmatrix}_c \Leftrightarrow \{\sigma_{80\%\sim100\%}\}_c \tag{6-9}$$

即由式 (6-7) 的频段组合模式向式 (6-8) 的频段组合模式转变的过程为岩石临界失稳破坏阶段（岩石发生损伤逐渐过渡至塑性阶段），因此，当有更高信号的频段出现时，声发射信号频段组合模式转变为式 (6-9) 时，岩石即将失去其最大承载能力，发生主破裂。

三轴压缩下，可选择频段2、频段8和频段10进行检测分析，将声发射信号频段特征矩阵与相对应力特征集合进行联合分析，相应的识别条件如下：

$$应力水平<60\%时 \quad \Rightarrow \{f_2\}_c \Leftrightarrow \{\sigma_{0\sim60\%}\}_c \tag{6-10}$$

$$应力水平为60\%\sim80\%时 \quad \Rightarrow \begin{Bmatrix} f_2 \\ f_{10} \end{Bmatrix}_c \Leftrightarrow \{\sigma_{60\%\sim80\%}\}_c \tag{6-11}$$

$$应力水平>80\%时 \quad \Rightarrow \begin{Bmatrix} f_2 \\ f_8 \\ f_{10} \end{Bmatrix}_c \Leftrightarrow \{\sigma_{80\%\sim100\%}\}_c \tag{6-12}$$

即由式 (6-10) 的频段组合模式向式 (6-11) 的频段组合模式转变的过程为临界失稳破坏阶段，当有更高更多信号的频段出现时，声发射信号组合模式转变为式 (6-12) 的频段组合模式时，岩石即将失去其最大承载能力，发生主破裂。

6.7 本章小结

本章通过对不同冲击倾向性岩石在单轴和三轴压缩下试验中的声发射频率和基本参数特征进行分析得到：

（1）单轴压缩下冲击性岩石和非冲击性岩石的高、低频通道声发射振铃计数、声发射累计能量具有相似变化趋势和特征，数量上冲击性岩石要明显多于非冲击性岩石；在声发射撞击数方面，初始压密阶段和弹性阶段初期，冲击性岩石和非冲击性岩石两个通道数值相差大约在二倍左右，接近岩石主破裂时二者差值增大；在声发射能量方面，冲击性较强的岩石声发射累计能量数量明显多于冲击性较弱的岩石，非冲击性岩石的声发射累计能量少于冲击性岩石；在声发射大撞击数方面，初始压密阶段和弹性阶段冲击性较强岩石出现声发射信号较少，并以低频信号为主；而冲击性较弱的岩石，高频、低频声发射信号均较明显。进入塑性阶段，冲击性岩石高频、低频声发射信号密集，且有高频声发射大撞击产生，优势频率明显增加，而冲击性较弱岩石声发射信号增加不明显。

声发射频谱方面，冲击性岩石比非冲击性岩石声发射信号频率分布范围更广，主频明显高于非冲击性岩石。冲击性较强的岩石比冲击性较弱的岩石频率分布范围大，且主频值也更高；在声发射信号优势频率方面，冲击性岩石在加载初期声发射信号较少，且分布零散，声发射信号优势频率集中。当岩石出现破裂后，声发射信号显著增多，分布密集，出现更多的优势频率。

（2）三轴压缩下不同冲击性岩石在低频和高频通道中接收的声发射振铃计数、声发射能量累计数与单轴压缩情况类似，低频通道的声发射事件数、声发射振铃计数出现显著增加、升高、聚集，声发射能量累计数快速增长等现象可以视为岩石已处于临界破坏状态；在声发射频谱特征方面，岩石主破裂前夕声发射信号频率分布表现出频段增多现象。冲击性越大的岩石在临界主破裂前岩石声发射信号频率分布越分散，频段数量也越多；冲击性较小岩石声发射信号频段数量相对较少，且频率分布也更为集中。

（3）在上述研究的基础上，建立了基于声发射信号频段与岩石力学特征间关系的多频段声发射信号频率识别模式，并通过分析冲击性花岗岩在单轴和三轴压缩下的频率分布特征，得到了冲击性花岗岩在单轴和三轴压缩下破坏失稳及临界破坏状态的频率识别模式。

7 结论与展望

7.1 主要结论

本书主要以不同冲击倾向岩石为试验对象，通过单轴压缩、三轴压缩、单轴和三轴循环加卸载的声发射试验，模拟工程岩体在不同应力状态下的破坏过程。通过对不同应力状态下岩石冲击危险性及声发射频率、基本参数特征的相关性研究，为工程岩体稳定声发射监测及信号分析提供一定理论依据。其具体结论如下：

（1）岩石在不同应力状态下，发生的冲击危险性是不同的。通过对冲击性花岗岩在单轴压缩、三轴压缩、单轴加卸载、三轴加卸载的试验研究表明，随着围压的升高，岩石的冲击危险性降低。循环加卸载下，冲击性花岗岩损伤能量释放率与损伤变量之间呈现近线性关系。轴向应力水平为65%左右时，花岗岩具有较高的冲击危险性，这一结论可为冲击性动力灾害的监测预测提供依据。

（2）对冲击性粉砂岩进行了单轴加卸载扰动声发射试验，研究了声发射、弹性模量及变形响应比值随轴向相对应力水平的变化规律。研究结果表明，岩石发生主破裂前（临界失稳状态），三者的数值均由原来的较小值向较大值变化。在实际工程应用中，可充分利用这些响应比值的变化规律特征来监测预测岩体的稳定状态；同时，综合利用多种因素响应比值变化规律进行联合预判，更加有利于预测的准确性。

（3）通过对冲击性花岗岩在不同围压下的循环加卸载声发射试验分析得到高低两种频率的声发射通道中声发射累计振铃计数、岩石应力与时间都形成良好的对应关系。两种通道中接收到的声发射振铃计数整体变化趋势基本相同，Kaiser点出现的位置也基本相同，所揭示的Kaiser效应和Felicity效应规律基本一致。主要区别在于，两种通道中声发射振铃计数数量上的不同。

（4）围压对冲击性花岗岩Kaiser点的主频变化趋势及其Kaiser点特征频段的变化规律的影响并不明显。Kaiser点主频分布在46.39~70.80kHz与151.37~166.99kHz范围内。岩石主破裂前，随轴向应力水平增加，低频通道中Kaiser点主频整体变化趋势由较低频向较高频转移，高频通道中由较高频向较低频转移；轴向相对应力水平小于63.67%，低频通道Kaiser点特征频段为0~62.5kHz，高频通道Kaiser点特征频段为187.5~250kHz；轴向相对应力水平大于69.06%，两种通道 Kaiser 点特征频段均为 62.5~125kHz。

（5）冲击性花岗岩 Kaiser 点的声发射能量关联维数均小于其相邻点。

（6）冲击性花岗岩 Kaiser 效应存在明显的应力上限，其上限值为极限强度的 65%左右。高围压会对较高应力水平 Felicity 效应的评价产生影响。采用 Kaiser 效应作为三轴压缩条件下岩石损伤和破坏的评价时需谨慎，若结合上述 Kaiser 点主频等特征规律，可有助于减少因高围压引起的误差，也可为进一步认识岩石损伤和破坏机制提供依据。

（7）通过对不同冲击倾向性岩石在不同受力方式下的声发射频率和基本参数特征分析得到：单轴压缩下冲击性岩石和非冲击性岩石的高、低频通道声发射振铃计数、声发射累计能量具有相似变化趋势和特征，数量上冲击性岩石要明显多于非冲击性岩石；在声发射撞击数方面，初始压密阶段和弹性阶段初期，冲击性岩石和非冲击性岩石两个通道数值相差大约在两倍左右，接近岩石主破裂时二者差值增大；在声发射能量方面，冲击性较强的岩石声发射累计能量数量明显多于冲击性较弱的岩石，非冲击性岩石的声发射累计能量少于冲击性岩石；在声发射大撞击数方面，初始压密阶段和弹性阶段冲击性较强岩石出现声发射信号较少，并以低频信号为主；而冲击性较弱的岩石，高频、低频声发射信号均较明显。进入塑性阶段，冲击性岩石高频、低频声发射信号密集，且有高频声发射大撞击产生，优势频率明显增加，而冲击性较弱岩石声发射信号增加不明显。

在声发射频谱方面，冲击性岩石比非冲击性岩石声发射信号频率分布范围更广，主频明显高于非冲击性岩石。冲击性较强的岩石比冲击性较弱的岩石频率分布范围大，且主频值也更高；在声发射信号优势频率方面，冲击性岩石在加载初期声发射信号较少，且分布零散，声发射信号优势频率集中。当岩石出现破裂后，声发射信号显著增多，分布密集，出现更多的优势频率。

三轴压缩下不同冲击性岩石在低频和高频通道中接收的声发射振铃计数、声发射能量累计数与单轴压缩情况类似。其中低频通道的声发射事件数、声发射振铃计数出现显著增加、升高、聚集，声发射能量累计数快速增长等现象可以视为岩石已处于临界破坏状态；在声发射频谱特征方面，岩石主破裂前夕声发射信号频率分布表现出频段增多现象。冲击性越大的岩石在临界主破裂前，岩石声发射信号频率分布越分散，频段数量也越多；冲击性较小岩石声发射信号频段数量相对较少，且频率分布也更为集中。

（8）建立了基于声发射信号频段与岩石力学特征间关系的多频段声发射信号频率识别模型，该模型有望为岩石破坏失稳及临界破坏状态的判别和预测提供依据。通过分析冲击性花岗岩在单轴和三轴压缩下的频率分布特征，得到了冲击性花岗岩在单轴和三轴压缩下破坏失稳及临界破坏状态的频率组合识别模式。

7.2　主要创新点

（1）针对岩石在不同应力状态下发生冲击的危险性不同，分析了围压影响下的岩石冲击危险性变化规律，同时基于弹性能量指数计算方法，研究了不同轴向应力水平的冲击性花岗岩的冲击危险性，获得了冲击性花岗岩具备发生冲击危险的最低轴向应力水平。

（2）基于冲击性花岗岩不同围压下的循环加卸载声发射试验，研究了高低两种频率的声发射检测通道中 Kaiser 效应、Felicity 效应、Kaiser 点主频、Kaiser 点的特征频段及分形特征规律，揭示了花岗岩 Kaiser 效应的有效范围，为进一步反演冲击性岩石的损伤破坏机制及破坏程度提供了依据。

（3）为了提高声发射技术判别和预测岩石损伤破坏的准确性和可靠性，采用两种不同频率的声发射检测通道，研究了不同冲击倾向性岩石在不同受力方式下的声发射信号频率及基本参数特征，并建立了基于声发射信号频段与岩石力学特征间关系的多频段声发射信号频率识别模式，为工程岩体的稳定性监测预报提供了必要的基础依据。

7.3　展望

本书介绍了通过室内试验研究冲击性岩石在不同应力状态下的冲击危险性及声发射特征，实现对岩爆、冲击地压等系列冲击性动力灾害的预警。然而，灾害的形成过程是极其复杂的，影响因素也是多变的。本书中的研究还存在着有待改进与深入之处。

（1）由于时间、试验条件等多方面的限制，本书对冲击性岩石受力破坏的方式研究主要集中在受压破坏过程的声发射特征，未能进行受拉、剪切等方式的声发射特征研究，对岩体的实际情况（如考虑结构面、充填物等因素）及所处复杂环境（如水、温度等方面的影响）的研究还有待继续深入，以建立更完善的声发射监测预报岩爆、冲击地压系统。

（2）目前声发射检测试验主要集中在室内试验，未能进行现场实测，若条件允许，可将现场试验与室内试验一起对比分析，达到相辅相成的效果。从而更好地利用声发射技术宏观评估岩体质量。

由于作者水平有限，书中存有不足之处，恳请各位专家老师批评指正。

参 考 文 献

[1] 蔡美峰. 岩石力学与工程[M]. 2版. 北京：科学出版社，2013.

[2] 何满潮，谢和平，彭苏萍，等. 深部开采岩体力学研究[J]. 岩石力学与工程学报，2005，24（16）：2803-2813.

[3] Malan D F. Time-dependent behaviour of deep level tabular excavations in hard rock[J]. Rock Mechanics and Rock Engineering，1999，32（2）：123-155.

[4] 钱七虎. 岩爆、冲击地压的定义、机制、分类及其定量预测模型[J]. 岩土力学，2014（1）：1-6.

[5] Sun J, Wang S. Rock mechanics and rock engineering in China：Developments and current state-of-the-art[J]. International Journal of Rock Mechanics and Mining Sciences，2000，37（3）：447-465.

[6] 钱鸣高. 20年来采场围岩控制理论与实践的回顾[J]. 中国矿业大学学报，2000，29（1）：1-4.

[7] 古德生. 矿业未来三主题[J]. 中国经济和信息化，2013（16）：18-19.

[8] 谢和平. "深部岩体力学与开采理论"研究构想与预期成果展望[J]. 工程科学与技术，2017，49（2）：1-16.

[9] 蔡美峰，冀东，郭奇峰. 基于地应力现场实测与开采扰动能量积聚理论的岩爆预测研究[J]. 岩石力学与工程学报，2013，32（10）：1973-1980.

[10] 谭以安. 岩爆形成机理研究[J]. 水文地质工程地质，1989（01）：34-38.

[11] 姜耀东，潘一山，姜福兴，等. 我国煤炭开采中的冲击地压机理和防治[J]. 煤炭学报，2014，39（2）：205-213.

[12] 袁子清，唐礼忠. 岩爆倾向岩石的声发射特征试验研究[J]. 地下空间与工程学报，2008，4（1）：94-98.

[13] 谭以安. 岩爆类型及其防治[J]. 现代地质，1991（4）：450-456.

[14] 勝山邦久. 声发射（AE）技术的应用[M]. 冯夏庭，译. 北京：冶金工业出版社，1996.

[15] 李孟源，尚振东，蔡海潮，等. 声发射检测及信号处理[M]. 北京：科学出版社，2010.

[16] 曾鹏. 千枚岩加卸载及应力峰值前后声发射特性研究（硕士学位论文）[D]. 赣州：江西理工大学，2013.

[17] 李庶林，冯夏庭，王泳嘉，等. 深井硬岩岩爆倾向性评价[J]. 东北大学学报（自然科学版），2001，22（1）：60-63.

[18] 张镜剑，傅冰骏. 岩爆及其判据和防治[J]. 岩石力学与工程学报，2008，27（10）：2034-2042.

[19] 卢翔. 冲击性岩石声发射信号频段耦合特征研究（硕士学位论文）[D]. 北京：北京科技大学，2013.

[20] 尹贤刚，李庶林. 岩石受载破坏前兆特征—声发射平静研究[J]. 金属矿山，2008（7）：124-128.

[21] 唐林波，李世愚，苏昉，等. 强地震前兆低频波的实验研究[J]. 中国地震，2003，19

（1）：48-57.

[22] 张晖辉，颜玉定，余怀忠，等．循环载荷下大试件岩石破坏声发射实验——岩石破坏前兆的研究[J]．岩石力学与工程学报，2004，23（21）：3621-3628.

[23] 齐庆新，窦林名．冲击地压理论与技术[M]．北京：中国矿业大学出版社，2008.

[24] 成云海，姜福兴．冲击地压矿井微地震监测试验与治理技术研究[M]．北京：煤炭工业出版社，2011.

[25] Pan Y, Zhang M, Xu B. The analysis of rockburst in coalmine[J]. Journal of Coal Science and Engineering,1996, 2（1）：32-38.

[26] 潘立友．冲击地压前兆信息的可识别性研究及应用（博士学位论文）[D]．山东：山东科技大学，2003.

[27] 章梦涛．我国冲击地压预测和防治[J]．辽宁工程技术大学学报，2001，20（4）：434-435.

[28] Young P R. Rockbursts and seismicity in mines [M]. Rotterdam：Balkema, 1993：23-50.

[29] Mendecki A J. Seimic monitoring in mines [M]. London：ChapmanHall, 1997：12-75.

[30] 谢学斌．硬岩矿床岩爆预测与控制的理论和技术及其应用研究（博士学位论文）[D]．长沙：中南工业大学，1999.

[31] 齐庆新，史元伟，刘天泉．冲击地压黏滑失稳机理的实验研究[J]．煤炭学报，1997（2）：144-148.

[32] 章梦涛．冲击地压失稳理论与数值模拟计算[J]．岩石力学与工程学报，1987（3）：15-22.

[33] Dyskin A V, Germanovich L N. Model of rockburst caused by cracks growing near free surface [J]. Rockbursts and seismicity in mines,1993, 93：169-175.

[34] Stacey T R. Dynamic rock failure and its containment [C] //Proceedings of the First International Conference on Rock Dynamics and Applications. Lausanne：CRC Press, 2013：57-70.

[35] Vardoulakis I. Rock bursting as a surface instability phenomenon [C] // International Journal of Rock Mechanics and Mining Sciences & Geomechanics Abstracts. Pergamon, 1984, 21（3）：137-144.

[36] Blake W. Rock-burst mechanics [J]. Q Colo Sch Mines（United States）, 1972, 67：1.

[37] Gill D E, Aubertin M, Simon R. A practical engineering approach to the evaluation of rockburst potential [J]. Rockburst and Seismicity in Mines. Balkema, Rotterdam, 1993：63-68.

[38] Linkov A M. Dynamic phenomena in mines and the problem of stability [M]. MTS System Corporation,1994.

[39] 黄庆享，高召宁．巷道冲击地压的损伤断裂力学模型[J]．煤炭学报，2001，26（2）：156-159.

[40] 缪协兴，安里千．岩（煤）壁中滑移裂纹扩展的冲击矿压模型[J]．中国矿业大学学报，1999，28（2）：113-117.

[41] 裴广文，纪洪广．深部开采过程中构造型冲击地压的能量级别预测[J]．煤炭科学技术，2002，30（7）：48-51.

[42] 纪洪广，王金安，蔡美峰．冲击地压事件物理特征与几何特征的相关性与统一性[J]．煤炭学报，2003，28（1）：31-36.

[43] 齐庆新，刘天泉. 冲击地压的摩擦滑动失稳机理[J]. 矿山压力与顶板管理，1995（3）：174-177.

[44] 陈鼎懿，译，陈广生，校. 用地球物理方法预测岩爆[J]. 工业安全与环保，1981（2）：62-64.

[45] Brown E T. 岩爆的预测与控制[J]. 采矿技术，1984（2）：20-25.

[46] 孙申登，编译. 阿尔帕-塞凡隧洞在岩爆和气喷情况下的施工[J]. 水力发电，1984（7）：59-61.

[47] 法吉克莱威兹 Z. 用微重力法进行煤矿岩爆预报及其成因的研究[J]. 矿业安全与环保，1985（3）：40-48.

[48] 福勒特 D. 防止岩爆灾害的地震监测[J]. 采矿技术，1986（10）：13-15.

[49] 布林克 A V Z. 岩爆的预报[J]. 采矿技术，1987（2）：13-15.

[50] 周正濂，子彦，译. 地震声学仪在岩爆监测中的应用[J]. 采矿技术，1988（24）：22-24.

[51] 罗贻岭. 隧道施工中岩爆现象的实况与一般的处理方法[J]. 铁道标准设计，1975（3）：8，17.

[52] 张如琯. 岩爆现象[J]. 煤炭科学技术，1981（6）：40-42.

[53] 潘长良，谢学斌，曹平. 岩爆预测预报方法[J]. 有色矿冶，1997（6）：3-5，15.

[54] 姚宝魁，张承娟. 高地应力坝区硐室围岩岩爆及其断裂破坏机制[J]. 水文地质工程地质，1985（6）：17-20.

[55] 陶振宇. 高地应力区的岩爆及其判别[J]. 人民长江，1987（5）：25-32.

[56] 陈宗基. 岩爆的工程实录、理论与控制[J]. 岩石力学与工程学报，1987（1）：1-18.

[57] 梁政国，煤矿岩爆发生的成因、规律及其防治[J]. 阜新矿业学院学报，1988（4）：61-67.

[58] 谭以安. 岩爆岩石断口扫描电镜分析及岩爆渐进破坏过程[J]. 电子显微学报，1989（2）：41-48.

[59] 侯发亮，王敏强. 圆形隧洞中岩爆的判据及防治措施[C]//第二次全国岩石力学与工程学术会议论文集. 中国广东广州，1989：195-208.

[60] 肖望强，侯发亮. 断裂力学在岩爆分析中的应用[C]//第二届全国岩石动力学学术会议论文选集. 中国宜昌，1990：244-254.

[61] 邹成杰. 地下工程中岩爆发生规律与岩爆烈度分级[C]//首届全国青年岩石力学学术研讨会论文集Ⅲ. 1991：70-77.

[62] Russense B F. Analyses of rockburst in tunnels in valley sides（in Norwegian）[M. S. Thesis][D]. Trondheim：Norwegian Institute of Technology，1974.

[63] 徐曾和. 黏弹塑性介质中钻孔岩爆滞后问题的探讨[C]//第三届全国岩石动力学学术会议论文选集. 中国桂林，1992：495-505.

[64] 王敏强，侯发亮. 板状破坏的岩体岩爆判别的一种方法[J]. 岩土力学，1993（3）：53-60.

[65] 陆家佑，王昌明. 根据岩爆反分析岩体应力研究[C]//全国岩石边坡、地下工程、地基基础监测及处理技术学术会议论文选集. 1993：115-120.

[66] 贾愚如，黄玉灵. 声发射法预测岩爆的研究[C]//全国岩石边坡、地下工程、地基基础监测及处理技术学术会议论文选集. 1993：221-227.

[67] 吴其斌. 微重力方法在岩爆预测中的应用[J]. 地球物理学进展，1993（3）：136-142.

[68] 潘一山，章梦涛，李国臻. 稳定性动力准则的圆形洞室岩爆分析[J]. 岩土工程学报，1993 (5)：59-66.

[69] 费鸿禄，徐小荷，唐春安. 狭窄煤（岩）柱岩爆的突变理论研究[J]. 中国矿业，1993 (4)：57-61，71.

[70] 谢和平，Pariseau W G. 岩爆的分形特征和机理[J]. 岩石力学与工程学报，1993 (1)：28-37.

[71] 冯夏庭. 地下峒室岩爆预报的自适应模式识别方法[J]. 东北大学学报(自然科学版)，1994 (5)：471-475.

[72] 笪盍，沈万君，康德安，等. 深部岩爆的声发射监测及数值模拟[J]. 金属矿山，1994 (10)：26-29.

[73] 侯发亮. 岩爆的真三轴试验研究[C]//第四届全国岩石动力学学术会议论文选集，成都，1994：201-207.

[74] 唐宝庆，曹平. 从全应力-应变曲线的角度建立岩爆的能量指标[J]. 江西有色金属，1995，9 (1)：15-17，20.

[75] 徐曾和，徐小荷，唐春安. 坚硬顶板下煤柱岩爆的尖点突变理论分析[J]. 煤炭学报，1995，20 (5)：485-491.

[76] 周瑞忠. 岩爆发生的规律和断裂力学机理分析[J]. 岩土工程学报，1995，17 (6)：111-117.

[77] 王元汉，李廷芥. 对"岩爆发生的规律和断裂力学机理分析"的讨论[J]. 岩土工程学报，1996 (6)：115-116.

[78] 那唯，冯之艾，译. 用爆破法降低有岩爆危险岩体的应力[J]. 采矿技术，1993 (31)：14-15.

[79] 耶戈罗夫 ΠB. 岩爆显现的某些特点及其预防措施[J]. 矿业工程，1990 (5)：23-27.

[80] 杨若期，湘沅，译. 滨海矿的岩爆研究[J]. 采矿技术，1991 (2)：13-15.

[81] 列吉金 BA，谢列耶夫 ИC，科洛特基赫 BИ. 岩爆危险岩体卸载的新方法[J]. 矿业工程，1991 (3)：4-6.

[82] 束沛镒，译. 由南非金矿场的岩爆观测剪切波偏振：加速度和速度记录分析[J]. 地球物理学进展，1991，6 (4)：107-107.

[83] 萨蒂尔 KR. 埃尔特尼恩特铜矿的岩爆问题[J]. 矿业工程，1992 (5)：15-18.

[84] 科沃岑 BA，柯热夫尼柯夫 EM，涅什通 ИИ，等. 深水平岩体岩爆危险状态的预测及控制[J]. 矿业工程，1992 (1)：11-18，22.

[85] 科兹列夫 AA，伊瓦诺夫 BⅡ，巴宁 BⅡ，等. 在构造应力作用岩体中的岩爆——矿山构造冲击（供讨论）[J]. 国外金属矿山，1994 (9)：3-7.

[86] F. Hedley D G，Udd J E. 加拿大安大略工业岩爆计划[J]. 国际地震动态，1995 (10)：9.

[87] Morrison D M. 加拿大萨德伯里州 Strathcona 矿的岩爆研究[J]. 国际地震动态，1995 (10)：12-13.

[88] Young R P，Hutchins O A，Talebi S，等. 应用大地层析成像法和声发射/微震技术对岩爆现象进行室内和现场研究[J]. 国际地震动态，1995 (10)：36-37.

[89] 曹庆林, 程成, 译. 充填体在岩爆控制中的作用[J]. 采矿技术, 1995 (28): 7-11.

[90] 韩志型, 聂辉成, 译. 用喷射混凝土支护抑制岩爆灾害[J]. 采矿技术, 1995 (27): 15-17.

[91] Cai M, Kaiser P K, Morioka H, et al. FLAC/PFC coupled numerical simulation of AE in large-scale underground excavations [J]. International Journal of Rock Mechanics and Mining Sciences, 2007, 44 (4): 550-564.

[92] 唐宝庆, 曹平. 岩层注水法防治岩爆的研究[J]. 湖南有色金属, 1996, 12 (6): 5-6, 25.

[93] 李广平. 岩体的压剪损伤机理及其在岩爆分析中的应用[J]. 岩土工程学报, 1997, 19 (6): 49-55.

[94] 李刚, 李宏, 朱浮声, 等. 尺寸因素对煤柱岩爆影响规律的探讨[J]. 西部探矿工程, 1998 (2): 53-55.

[95] 张晓春, 煤矿岩爆发生机制研究[J]. 岩石力学与工程学报, 1999, 18 (4): 492.

[96] 蔡美峰, 王金安, 王双红, 等. 玲珑金矿深部开采岩体能量分析与岩爆综合预测[J]. 岩石力学与工程学报, 2001, 20 (1): 38-42.

[97] 杨莹春, 诸静. 物元模型及其在岩爆分级预报中的应用[J]. 系统工程理论与实践, 2001, 21 (8): 125-129.

[98] 白明洲, 王连俊, 许兆义. 岩爆危险性预测的神经网络模型及应用研究[J]. 中国安全科学学报, 2002, 12 (4): 65-69.

[99] 冯夏庭, 赵洪波. 岩爆预测的支持向量机[J]. 东北大学学报(自然科学版), 2002, 23 (1): 57-59.

[100] 祝方才, 潘长良, 郭然. 一个新的岩爆倾向性指标——有效冲击能指标[J]. 矿山压力与顶板管理, 2002 (3): 83-84.

[101] 唐礼忠, 潘长良, 王文星. 用于分析岩爆倾向性的剩余能量指数[J]. 中南工业大学学报(自然科学版), 2002, 33 (2): 129-132.

[102] 丁向东, 吴继敏, 康政虹. 优势面在岩爆发生预测中的作用[J]. 西部探矿工程, 2003, 15 (3): 169-171.

[103] 齐庆新, 陈尚本, 王怀新, 等. 冲击地压、岩爆、矿震的关系及其数值模拟研究[J]. 岩石力学与工程学报, 2003, 22 (11): 1852-1858.

[104] 谢勇谋, 李天斌. 爆破对岩爆产生作用的初步探讨[J]. 中国地质灾害与防治学报, 2004, 15 (1): 61-64.

[105] 周科平, 古德生. 基于 GIS 的岩爆倾向性模糊自组织神经网络分析模型[J]. 岩石力学与工程学报, 2004, 23 (18): 3093-3097.

[106] 郭立, 吴爱祥, 马东霞. 基于 RES 理论的岩爆倾向性预测方法[J]. 中南大学学报(自然科学版), 2004, 35 (2): 304-309.

[107] 王学滨, 潘一山, 海龙. 基于剪切应变梯度塑性理论的断层岩爆失稳判据[J]. 岩石力学与工程学报, 2004, 23 (4): 588-591.

[108] 赵洪波. 岩爆分类的支持向量机方法[J]. 岩土力学, 2005, 26 (4): 642-644.

[109] 刘建辉, 李化敏. 电磁辐射法在岩爆监测中的应用[J]. 矿业研究与开发, 2006, 26

(1)：69-70，73.

[110] 汪新红，王明洋. 岩爆与峰后岩石力学特性[J]. 岩土力学，2006，27（6）：913-919.

[111] 潘岳，张勇，于广明. 圆形硐室岩爆机制及其突变理论分析[J]. 应用数学和力学，2006，27（6）：741-749.

[112] 何满潮，苗金丽，李德建，等. 深部花岗岩试样岩爆过程实验研究[J]. 岩石力学与工程学报，2007，26（5）：865-876.

[113] 宫凤强，李夕兵. 岩爆发生和烈度分级预测的距离判别方法及应用[J]. 岩石力学与工程学报，2007，26（5）：1012-1018.

[114] 李长洪，张立新，张磊，等. 灰色突变理论及声发射在岩爆预测中的应用[J]. 中国矿业，2008，17（8）：87-90.

[115] 葛启发，冯夏庭. 基于 AdaBoost 组合学习方法的岩爆分类预测研究[J]. 岩土力学，2008，29（4）：943-948.

[116] 陈秀铜，李璐. 基于 AHP-FUZZY 方法的隧道岩爆预测[J]. 煤炭学报，2008，33（11）：1230-1234.

[117] 祝云华，刘新荣，周军平. 基于 v-SVR 算法的岩爆预测分析[J]. 煤炭学报，2008，33（3）：277-281.

[118] 严鹏，陈祥荣，单治钢，等. 基于超剪应力控制的岩爆防治措施研究[J]. 岩土力学，2008，29（s1）：453-458.

[119] 苗金丽，何满潮，李德建，等. 花岗岩应变岩爆声发射特征及微观断裂机制[J]. 岩石力学与工程学报，2009，28（8）：1593-1603.

[120] 陈卫忠，吕森鹏，郭小红，等. 基于能量原理的卸围压试验与岩爆判据研究[J]. 岩石力学与工程学报，2009，28（8）：1530-1540.

[121] 白云飞，邓建，董陇军，等. 深部硬岩岩爆预测的 FDA 模型及其应用[J]. 中南大学学报（自然科学版），2009，40（5）：1417-1422.

[122] 苗金丽. 岩爆的能量特征实验分析（博士学位论文）[D]. 北京：中国矿业大学（北京），2009.

[123] 陈祥，孙进忠，张杰坤，等. 岩爆的判别指标和分级标准及可拓综合判别方法[J]. 土木工程学报，2009，42（9）：82-88.

[124] 王吉亮，陈剑平，杨静，等. 岩爆等级判定的距离判别分析方法及应用[J]. 岩土力学，2009，30（7）：2203-2208.

[125] 何满潮，杨国兴，苗金丽，等. 岩爆实验碎屑分类及其研究方法[J]. 岩石力学与工程学报，2009，28（8）：1521-1529.

[126] 付玉华，董陇军. 岩爆预测的 Bayes 判别模型及应用[J]. 中国矿业大学学报，2009，38（4）：528-533.

[127] 黄锋，徐则民. 用动光弹方法研究隧道岩爆的爆破扰动机理[J]. 爆炸与冲击，2009，29（6）：632-636.

[128] 潘一山，李忠华，章梦涛. 我国冲击地压分布、类型、机理及防治研究[J]. 岩石力学与工程学报，2003，22（11）：1844-1851.

[129] 齐庆新，彭永伟，李宏艳，等．煤岩冲击倾向性研究[J]．岩石力学与工程学报，2011，30（S1）：2736-2742．

[130] 中华人民共和国行业标准编写组．MT/T 174—2000 煤的冲击倾向性分类及指数的测定方法[S]．北京：中国标准出版社，2010．

[131] 中华人民共和国行业标准编写组．MT/T 866—2000 岩石冲击倾向性分类及指数的测定方法[S]．北京：中国标准出版社，2010．

[132] 王宏图，许江，魏福生，等．煤岩体冲击倾向性指标评价[J]．矿山压力与顶板管理，1999（3）：204-207．

[133] 唐礼忠，王文星．一种新的岩爆倾向性指标[J]．岩石力学与工程学报，2002，21（6）：874-878．

[134] 尚彦军，张镜剑，傅冰骏．应变型岩爆三要素分析及岩爆势表达[J]．岩石力学与工程学报，2013，32（8）：1520-1527．

[135] 杨健，武雄．岩爆综合预测评价方法[J]．岩石力学与工程学报，2005，24（3）：411-416．

[136] 潘一山，耿琳，李忠华．煤层冲击倾向性与危险性评价指标研究[J]．煤炭学报，2010，35（12）：1975-1978．

[137] 贾雪娜．应变岩爆实验的声发射本征频谱特征（博士学位论文）[D]．北京：中国矿业大学（北京），2013．

[138] 沈功田，耿荣生．声发射信号的参数分析方法[J]．无损检测，2002，24（2）：72-77．

[139] 耿荣生，沈功田，刘时风．声发射信号处理和分析技术[J]．无损检测，2002，24（1）：23-28．

[140] 沈功田，戴光，刘时风．中国声发射检测技术进展——学会成立 25 周年纪念[J]．无损检测，2003，25（6）：302-307．

[141] 纪洪广．混凝土材料声发射性能研究与应用[M]．北京：煤炭工业出版社，2004．

[142] Kaiser E J. A study of acoustic phenomena in tensile test[R]. Munich: Technical University of Munich, 1950.

[143] 赵奎，王晓军，赖卫东．矿山地压测试技术[M]．北京：化学工业出版社，2013．

[144] 李光海，刘时风．声发射信号分析技术及进展[C] // 中国声发射学术研讨会，2004．

[145] 侯昭飞．玲珑金矿冲击倾向岩石声发射特征及冲击危险性试验研究（博士学位论文）[D]．北京：北京科技大学，2011．

[146] 陈颙．声发射技术在岩石力学研究中的应用[J]．地球物理学报，1977，20（4）：312-322．

[147] 曾鹏，纪洪广，孙利辉，等．不同围压下岩石声发射不可逆性及其主破裂前特征信息试验研究[J]．岩石力学与工程学报，2016，35（7）：1333-1340．

[148] 孙强，薛晓辉，朱术云．岩石脆性破坏临界信息综合识别[J]．固体力学学报，2013，34（3）：311-319．

[149] Kui Z, Zhicheng Z, Peng Z, et al. Experimental Study on Acoustic Emission Characteristics of Phyllite Specimens under Uniaxial Compression [J]. Journal of Engineering Science & Technol-

ogy Review,2015, 8 (3): 53-60.

[150] 吴刚，翟松韬，王宇. 高温下花岗岩的细观结构与声发射特性研究[J]. 岩土力学,2015,
36 (s1): 351-356.

[151] Lei X, Funatsu T, Ma S, et al. A laboratory acoustic emission experiment and numerical sim-
ulation of rock fracture driven by a high-pressure fluid source[J]. Journal of Rock Mechanics
and Geotechnical Engineering,2016, 8 (1): 27-34.

[152] Holcomb D J, Costin L S. Detecting Damage Surfaces in Brittle Materials Using Acoustic Emis-
sions[J]. Journal of Applied Mechanics,1986, 53 (3): 536-544.

[153] Rao M V M S, Ramana Y V. A study of progressive failure of rock under cyclic loading by ul-
trasonic and AE monitoring techniques[J]. Rock Mechanics & Rock Engineering, 1992, 25
(4): 237-251.

[154] Lockner D A. The role of acoustic emission in the study of rock fracture[J]. International Journal
of Rock Mechanics & Mining Science & Geomechanics Abstracts,1993, 30 (7): 883-899.

[155] Cox S J D, Meredith P G. Microcrack formation and material softening in rock measured by mo-
nitoring acoustic emissions[J]. International Journal of Rock Mechanics & Mining Sciences &
Geomechanics Abstracts,1993, 30 (1): 11-24.

[156] Rudajev V, Vilhelm J, LokajíČek T. Laboratory studies of acoustic emission prior to uniaxial
compressive rock failure[J]. International Journal of Rock Mechanics & Mining Sciences,2000,
37 (4): 699-704.

[157] Pestman B J, Munster J G V. An acoustic emission study of damage development and stress-
memory effects in sandstone[J]. International Journal of Rock Mechanics & Mining Sciences &
Geomechanics Abstracts,1996, 33 (6): 585-593.

[158] Dai S T, Labuz J F. Damage and Failure Analysis of Brittle Materials by Acoustic Emission
[J]. Journal of Materials in Civil Engineering,1997, 9 (4): 200-205.

[159] Hall S A, Sanctis F, Viggiani G. Monitoring fracture propagation in a soft rock (Neapolitan
Tuff) using acoustic emissions and digital images[J]. Rock Damage and Fluid Transport,Part
II, 2006: 2171-2204.

[160] Přikryl R, Lokajíček T, Li C, et al. Acoustic emission characteristics and failure of uniaxially
stressed granitic rocks: the effect of rock fabric[J]. Rock mechanics and rock engineering,
2003, 36 (4): 255-270.

[161] Tham L G, Liu H, Tang C A, et al. On Tension Failure of 2-D Rock Specimens and Associat-
ed Acoustic Emission[J]. Rock Mechanics & Rock Engineering,2005, 38 (1): 1-19.

[162] Ganne P, Vervoort A, Wevers M. Quantification of pre-peak brittle damage: Correlation be-
tween acoustic emission and observed micro-fracturing[J]. International Journal of Rock Me-
chanics & Mining Sciences,2007, 44 (5): 720-729.

[163] 包春燕，姜谙男，唐春安，等. 单轴加卸载扰动下石灰岩声发射特性研究[J]. 岩石力
学与工程学报,2011, 30 (s2): 3871-3877.

[164] 李庶林，尹贤刚，王泳嘉，等. 单轴受压岩石破坏全过程声发射特征研究[J]. 岩石力

学与工程学报,2004, 23 (15): 2499-2503.

[165] 尹贤刚, 李庶林, 唐海燕. 岩石破坏声发射强度分形特征研究[J]. 岩石力学与工程学报,2005, 24 (19): 3512-3516.

[166] 李元辉, 刘建坡, 赵兴东, 等. 岩石破裂过程中的声发射 b 值及分形特征研究[J]. 岩土力学,2009, 30 (9): 2559-2563.

[167] 裴建良, 刘建峰, 张茹. 单轴压缩条件下花岗岩声发射事件空间分布的分维特征研究[J]. 四川大学学报(工程科学版), 2010, 42 (6): 51-55.

[168] 陈景涛. 岩石变形特征和声发射特征的三轴试验研究[J]. 武汉理工大学学报,2008, 30 (2): 94-96, 118.

[169] 雷兴林, 马瑾, 楠瀬勤一郎, 等. 三轴压缩下粗晶花岗闪长岩声发射三维分布及其分形特征[J]. 地震地质,1991, 13 (2): 97-114.

[170] 艾婷, 张茹, 刘建锋, 等. 三轴压缩煤岩破裂过程中声发射时空演化规律[J]. 煤炭学报,2011, 36 (12): 2048-2057.

[171] 何俊, 潘结南, 王安虎. 三轴循环加卸载作用下煤样的声发射特征[J]. 煤炭学报,2014, 39 (1): 84-90.

[172] 蔡美峰, 来兴平. 岩石基复合材料支护采空区动力失稳声发射特征统计分析[J]. 岩土工程学报,2003, 25 (1): 51-54.

[173] 毛建华, 李庶林, 王宁, 等. 岩体声波监测与声发射技术的现场应用研究[J]. 中国有色金属学报,1998, 8 (s2): 758-762.

[174] 马志敏, 贾嘉. 岩体声发射监测现场噪声自适应数字滤波技术初探[J]. 岩石力学与工程学报,1999, 18 (6): 685-689.

[175] 李俊平, 周创兵. 岩体的声发射特征试验研究[J]. 岩土力学,2004, 25 (3): 374-378.

[176] 邹银辉, 文光才, 胡千庭, 等. 岩体声发射传播衰减理论分析与试验研究[J]. 煤炭学报,2004, 29 (6): 663-667.

[177] 李夕兵, 刘志祥. 岩体声发射混沌与智能辨识研究[J]. 岩石力学与工程学报,2005, 24 (8): 1296-1300.

[178] 王宁, 韩志型, 王月明, 等. 评价岩体稳定性的声发射相对强弱指标[J]. 岩土工程学报,2005, 27 (2): 190-192.

[179] 谭云亮, 李芳成, 周辉, 等. 冲击地压声发射前兆模式初步研究[J]. 岩石力学与工程学报,2000, 19 (4): 425-428.

[180] 纪洪广, 穆楠楠, 张月征. 冲击地压事件 AE 与压力耦合前兆特征分析[J]. 煤炭学报, 2013, 38 (s1): 1-5.

[181] 张宗贤. 岩石破坏原理及其应用[M]. 北京:冶金工业出版社, 1994.

[182] 沃物科里 V S, 拉马 R D, 萨鲁加著 S S, 岩石力学性质手册[M]. 北京:水利出版社, 1981.

[183] 王学滨, 潘一山. 考虑围压及孔隙压力的岩石试件应力与应变关系解析[J]. 地质力学学报,2001, 7 (3): 265-270.

[184] 刘向君, 申剑坤, 梁利喜, 等. 孔隙压力变化对岩石强度特性的影响[J]. 岩石力学与

工程学报,2011, 30（s2）: 3457-3463.

[185] 王伟, 田振元, 朱其志, 等. 考虑孔隙水压力的岩石统计损伤本构模型研究[J]. 岩石力学与工程学报,2015（s2）: 3676-3682.

[186] 孙广忠, 孙毅. 岩体力学原理[M]. 北京:科学出版社, 2011.

[187] 赵福垚. 岩爆灾源识别与一种新的风险评估体系（硕士学位论文）[D]. 北京:北京科技大学, 2011.

[188] 黄有爰, 夏熙伦. 岩石断裂韧度的物理性状效应[J]. 岩土工程学报,1987, 9（4）: 91-96.

[189] 陈岩. 岩石冲击倾向性及其影响因素试验研究（硕士学位论文）[D]. 焦作:河南理工大学, 2015.

[190] Aubertin M, Gill D E, Simon R. On the use of the brittleness index modified（BIM）to estimate the post-peak behavior of rocks[J]. Aqua Fennica,1994（23）: 24-25.

[191] 万纯新. 不同含水状态对煤岩冲击倾向性影响研究[J]. 露天采矿技术,2015（2）: 31-35.

[192] 茅献彪, 陈占清, 徐思朋, 等. 煤层冲击倾向性与含水率关系的试验研究[J]. 岩石力学与工程学报,2001, 20（1）: 49-52.

[193] 王礼立. 高应变率下材料动态力学性能[J]. 力学与实践,1982, 4（1）: 9-19.

[194] 李夕兵. 岩石动力学基础与应用[M]. 北京:科学出版社, 2014.

[195] Blanton T L. Effect of strain rates from 10-2, to 10 sec-1, in triaxial compression tests on three rocks[J]. International Journal of Rock Mechanics & Mining Sciences & Geomechanics Abstracts,1981, 18（1）: 47-62.

[196] 周维垣. 高等岩石力学[M]. 北京:水利电力出版社, 1990.

[197] 尹小涛, 葛修润, 李春光, 等. 加载速率对岩石材料力学行为的影响[J]. 岩石力学与工程学报,2010, 29（s1）: 2610-2615.

[198] 李海涛. 加载速率效应影响下煤的冲击特性评价方法及应用（博士学位论文）[D]. 北京:中国矿业大学（北京）, 2014.

[199] 李明, 茅献彪, 曹丽丽, 等. 高应变率下煤力学特性试验研究[J]. 采矿与安全工程学报,2015, 32（2）: 317-324.

[200] 吴绵拔. 加载速率对岩石断裂韧度的影响[J]. 力学与实践,1986, 8（4）: 21-23.

[201] 刘大安. 高级计算机辅助测试技术与岩石断裂力学研究（博士学位论文）[D]. 长沙:中南工业大学, 中南大学, 1991.

[202] 唐春安, 徐小荷. 冲击荷载下岩石动态断裂韧度测定的实验技术[J]. 爆炸与冲击,1988, 8（4）: 323-328.

[203] 林睦曾. 岩石热物理学及其工程应用[M]. 重庆:重庆大学出版社, 1991.

[204] Inada Y, Yokota K. Some studies of low temperature rock strength[J]. International Journal of Rock Mechanics & Mining Science & Geomechanics Abstracts,1984, 21（3）: 145-153.

[205] 寇绍全. 热开裂损伤对花岗岩变形及破坏特性的影响[J]. 力学学报,1987, 19（6）: 550-556.

[206] 张志镇，高峰，刘治军．温度影响下花岗岩冲击倾向及其微细观机制研究[J]．岩石力学与工程学报，2010，29（8）：1591-1602.

[207] 张祖培，摘译．岩样尺寸对岩石强度的影响[J]．探矿工程（岩土钻掘工程），1964（4）：21-22.

[208] Obert L，Windes S L，Duvall W I．Standardized test for determining the physical properties of mine rock [M]．U S Bur Mines Rept Invest 1946：3891

[209] 耶格 J C，库克 N G W．岩石力学基础[M]．北京：科学出版社，1981.

[210] 刘宝琛，张家生．岩石抗压强度的尺寸效应[J]．岩石力学与工程学报，1998，17（6）：611-614.

[211] 杨圣奇，苏承东，徐卫亚．岩石材料尺寸效应的试验和理论研究[J]．工程力学，2005，22（4）：112-118.

[212] 唐春安．岩石破裂过程中的灾变[M]．北京：煤炭工业出版社，1993.

[213] Jeremic M L．岩体力学在硬岩开采中的应用 [M]．赵玉学，胡朝华，译．北京：冶金工业出版社，1990.

[214] 冯涛，谢学斌，潘长良，等．岩爆岩石断裂机理的电镜分析[J]．中南工业大学学报（自然科学版），1999，30（1）：14-17.

[215] 秦乃兵，张艳博，徐东强，等．岩爆断口扫描电镜分析及声发射特性[J]．矿山测量，2001（3）：30-32.

[216] 曹平，潘长良，冯涛，等．深井硬岩岩爆实录与特征分析[C]//中国岩石力学与工程学会第六次学术大会论文集．中国武汉，2000：735-737.

[217] 谷明成，何发亮，陈成宗．秦岭隧道岩爆的研究[J]．岩石力学与工程学报，2002，21（9）：1324-1329.

[218] 赵康，赵红宇，贾群燕．岩爆岩石断裂的微观结构形貌分析及岩爆机理[J]．爆炸与冲击，2015，35（6）：913-918.

[219] 黄润秋，王贤能．岩石结构特征对岩爆的影响研究[J]．地质灾害与环境保护，1997，8（2）：15-20.

[220] 赵毅鑫，姜耀东，张雨．冲击倾向性与煤体细观结构特征的相关规律[J]．煤炭学报，2007，32（1）：64-68.

[221] 辛 S P，黄启明，译．岩石性质对岩爆发生与控制的影响[J]．采矿技术，1987（24）：16-18.

[222] 谭以安．关于岩爆岩石能量冲击性指标的商榷[J]．水文地质工程地质，1992，19（2）：10-12，40.

[223] 郭然，于润沧．新建有岩爆倾向硬岩矿床采矿技术研究工作程序[J]．中国工程科学，2002，4（7）：51-55.

[224] 徐林生，唐伯明，慕长春，等．岩爆发生条件研究[J]．公路交通技术，2003（4）：73-75.

[225] 彭振斌，方建勤，颜荣贵，等．硬岩矿山深井岩爆预测方法的研究[J]．矿冶工程，2003，23（5）：8-11.

[226] 张子健．玲南金矿深部开采岩爆危险性分析与危险区域预测（博士学位论文）[D]．北

京:北京科技大学，2015.

[227] 张月征. 开采动力灾害与区域应力场之间的协同机制与响应特征研究（博士学位论文）
[D].北京:北京科技大学，2016.

[228] 刘铁敏. 红透山铜矿岩爆发生可能性研究（硕士学位论文）[D].沈阳:东北大
学，1999.

[229] 李庶林. 岩爆倾向性的动态破坏实验研究[J].辽宁工程技术大学学报，2001，20（4）：
436-438.

[230] Singh S P. The influence of rock properties on the occurrence and control of rockbursts [J].
Mining Science & Technology，1987，5（1）：11-18.

[231] 王文星，潘长良，冯涛. 确定岩石岩爆倾向性的新方法及其应用[J].有色金属设计，
2001，28（4）：42-46.

[232] 彭祝，王元汉，李廷芥. Griffith 理论与岩爆的判别准则[J].岩石力学与工程学报，1996，
岩石力学与工程学报，1996，15（s1）：491-495.

[233] 王贤能，黄润秋. 岩石卸荷破坏特征与岩爆效应[J].山地研究，1998，16（4）：
281-285.

[234] 张黎明，王在泉，贺俊征. 岩石卸荷破坏与岩爆效应[J].西安建筑科技大学学报:自然
科学版，2007，39（1）：110-114.

[235] 陈卫忠，郭小红，吕森鹏，等. 脆性岩石卸围压试验与岩爆机理研究[J].岩土工程学
报，2011，32（6）：963-969.

[236] 张晓君. 高应力硬岩卸荷岩爆模式及损伤演化分析[J].岩土力学，2012，33（12）：
3554-3560.

[237] 林卓英，吴玉山. 岩石在循环荷载作用下的强度及变形特征[J].岩土力学，1987，8
（3）：31-37.

[238] 龚囡. 循环加卸载条件下充填体损伤与声发射特性研究（硕士学位论文）[D].赣州:
江西理工大学，2011.

[239] Rabotnov Y N. On the equation of state of creep[J].Progress in Applied Mechanics，1963，178
（31）：117-122.

[240] Lemaitre J，Chaboche J L. Mechanics of solid materials[M].Cambridge:Cambridge University
Press，1990.

[241] Lemaitre J. Acoursenon damage mechanics[M].Berlin:Springs-Verlag，1992.

[242] 鞠杨，谢和平. 基于应变等效性假说的损伤定义的适用条件[J].应用力学学报，1998，
15（1）：43-49.

[243] 彭瑞东. 基于能量耗散及能量释放的岩石损伤与强度研究（博士学位论文）[D].北
京:中国矿业大学，2005.

[244] 金丰年，蒋美蓉，高小玲. 基于能量耗散定义损伤变量的方法[J].岩石力学与工程学
报，2004，23（12）：1976-1980.

[245] 赵奎，金解放，王晓军，等. 岩石声速与其损伤及声发射关系研究[J].岩土力学，2007，
28（10）：2015-2109.

[246] 赵明阶，吴德伦．单轴加载条件下岩石声学参数与应力的关系研究[J]．岩石力学与工程学报，1999，18（1）：50-54．

[247] 曹文贵，方祖烈，唐学军．岩石损伤软化统计本构模型之研究[J]．岩石力学与工程学报，1998，17（6）：628-633．

[248] Pestman B J, Munster J G V. An acoustic emission study of damage development and stress-memory effects in sandstone[J]. International Journal of Rock Mechanics & Mining Sciences & Geomechanics Abstracts,1996, 33（6）：585-593.

[249] 冯西桥，余寿文．准脆性材料细观损伤力学[M]．北京：高等教育出版社，2002．

[250] 杨更社，谢定义，张长庆，等．岩石损伤特性的 CT 识别[J]．岩石力学与工程学报，1996，15（1）：48-54．

[251] 赵永红，梁海华，熊春阳，等．用数字图像相关技术进行岩石损伤的变形分析[J]．岩石力学与工程学报，2002，21（1）：73-76．

[252] 郭子红，刘新荣，刘保县，等．基于塑性体积应变的岩石损伤变形特性实验研究[J]．实验力学，2010，25（3）：293-298．

[253] 肖福坤，申志亮，刘刚，等．循环加卸载中滞回环与弹塑性应变能关系研究[J]．岩石力学与工程学报，2014，33（9）：1791-1797．

[254] 张媛，许江，杨红伟，等．循环荷载作用下围压对砂岩滞回环演化规律的影响[J]．岩石力学与工程学报，2011，30（2）：320-326．

[255] 孔凡标．载荷岩体动力学响应特性试验研究（硕士学位论文）[D]．北京：北京科技大学，2008．

[256] 卢运虎，陈勉，金衍，等．碳酸盐岩声发射地应力测量方法实验研究[J]．岩土工程学报，2011，33（8）：1192-1196．

[257] 王小琼，葛洪魁，宋丽莉，等．两类岩石声发射事件与 Kaiser 效应点识别方法的试验研究[J]．岩石力学与工程学报，2011，30（3）：580-588．

[258] 赵奎，闫道全，钟春晖，等．声发射测量地应力综合分析方法与实验验证[J]．岩土工程学报，2012，34（8）：1403-1411．

[259] 纪洪广，张月征，金延，等．二长花岗岩三轴压缩下声发射特征围压效应的试验研究[J]．岩石力学与工程学报，2012，31（6）：1162-1168．

[260] 李浩然，杨春和，刘玉刚，等．花岗岩破裂过程中声波与声发射变化特征试验研究[J]．岩土工程学报，2014，36（10）：1915-1923．

[261] 吴胜兴，张顺祥，沈德建．混凝土轴心受拉声发射 Kaiser 效应试验研究[J]．土木工程学报，2008，41（4）：31-39．

[262] 张宁博，齐庆新，欧阳振华，等．不同应力路径下大理岩声发射特性试验研究[J]．煤炭学报，2014，39（2）：389-394．

[263] 陈宇龙，魏作安，张千贵．等幅循环加载与分级循环加载下砂岩声发射 Felicity 效应试验研究[J]．煤炭学报，2012，37（2）：226-230．

[264] 赵奎，邓飞，金解放，等．岩石声发射 Kaiser 点信号的小波分析及其应用初步研究[J]．岩石力学与工程学报，2006，25（s2）：3854-3858．

［265］李庶林，唐海燕. 不同加载条件下岩石材料破裂过程的声发射特性研究［J］. 岩土工程学报，2010，32（1）：147-152.

［266］谢强，Da Gama C D，余贤斌. 细晶花岗岩的声发射特征试验研究［J］. 岩土工程学报，2008，30（5）：745-749.

［267］许江，李树春，唐晓军，等. 基于声发射的岩石疲劳损伤演化［J］. 北京科技大学学报，2009，31（1）：19-24.

［268］Seto M，Nag D K，Vutukuri V S. In-situ rock stress measurement from rock cores using the acoustic emission method and deformation rate analysis［J］. Geotechnical & Geological Engineering，1999，17（3-4）：241-266.

［269］Shkuratnik V L，Filimonov Y L，Kuchurin S V. Features of the Kaiser effect in coal specimens at different stages of the triaxial axisymmetric deformation［J］. Journal of Mining Science，2007，43（1）：1-7.

［270］纪洪广，卢翔. 常规三轴压缩下花岗岩声发射特征及其主破裂前兆信息研究［J］. 岩石力学与工程学报，2015，34（4）：694-702.

［271］Cheng W，Wang W，Huang S，et al. Acoustic emission monitoring of rockbursts during TBM-excavated headrace tunneling at Jinping II hydropower station［J］. Journal of Rock Mechanics and Geotechnical Engineering，2013，5（6）：486-494.

［272］何满潮，赵菲，张昱，等. 瞬时应变型岩爆模拟试验中花岗岩主频特征演化规律分析［J］. 岩土力学，2015，36（1）：1-8，33.

［273］黄晓红，张艳博，田宝柱，等. 基于相位差时延估计法的岩石声发射源定位研究［J］. 岩土力学，2015，36（2）：381-522.

［274］杨永杰，王德超，陈绍杰，等. 基于离散小波分析的灰岩压缩破坏声发射预测研究［J］. 煤炭学报，2010，35（2）：213-217.

［275］李楠，王恩元，赵恩来，等. 岩石循环加载和分级加载损伤破坏声发射实验研究［J］. 煤炭学报，2010，35（7）：1099-1103.

［276］赵奎，王更峰，王晓军，等. 岩石声发射 Kaiser 点信号频带能量分布和分形特征研究［J］. 岩土力学，2008，29（11）：3082-3088.

［277］纪洪广，王宏伟，曹善忠，等. 花岗岩单轴受压条件下声发射信号频率特征试验研究［J］. 岩石力学与工程学报，2012，31（s1）：2900-2905.

［278］张广清，金衍，陈勉. 利用围压下岩石的凯泽效应测定地应力［J］. 岩石力学与工程学报，2002，21（3）：360-363.

［279］汪富泉，罗朝盛，陈国先. G-P 算法的改进及其应用［J］. 计算物理，1993，10（3）：345-351.

［280］曾鹏，纪洪广，高宇，等. 三轴压缩下花岗岩声发射 Kaiser 点信号频段及分形特征［J］. 煤炭学报，2016，41（s2）：376-384.

［281］曾鹏，刘阳军，纪洪广，等. 单轴压缩下粗砂岩临界破坏的多频段声发射耦合判据和前兆识别特征［J］. 岩土工程学报，2017，39（3）：509-517.

［282］赵奎，周永涛，曾鹏，等. 三点弯曲作用下不同粒径组成的类岩石材料声发射特性试验研究［J］. 煤炭学报，2018，43（11）：3107-3114.